超大型项目施工新技术

吴瑞卿　关而道　主编

中国环境出版社 · 北京

图书在版编目（CIP）数据

超大型项目施工新技术/ 吴瑞卿等主编 . —北京：中国环境出
版社，2013.11

ISBN 978-7-5111-1560-7

Ⅰ.①超… Ⅱ.①吴… Ⅲ.①建筑工程—工程施工
Ⅳ.①TU74

中国版本图书馆 CIP 数据核字（2013）第 208956 号

出 版 人	王新程
责任编辑	张于嫣
责任校对	唐丽虹
封面设计	宋 瑞

出版发行　中国环境出版社

　　　　　（100062　北京市东城区广渠门内大街 16 号）

　　　　　网　　址：http://www.cesp.com.cn

　　　　　电子邮箱：bjgl@cesp.com.cn

　　　　　联系电话：010-67112765（编辑管理部）

　　　　　　　　　　010-67112739（建筑图书出版中心）

　　　　　发行热线：010-67125803，010-67113405（传真）

印　　刷	北京中科印刷有限公司
经　　销	各地新华书店
版　　次	2013 年 11 月第 1 版
印　　次	2013 年 11 月第 1 次印刷
开　　本	787×1092　1/16
印　　张	16
字　　数	336 千字
定　　价	40.00 元

编写委员会

主　　　　审：蔡　健

主　　　　编：吴瑞卿　关而道

副　主　编：周岳锋　邵　泉　陈庆军

主要编写人员：向小英　赖泽荣　黄亮忠　朱　骏
　　　　　　　苏建华　崔伟锋　吴　昊　方耿辉
　　　　　　　钟文深　杨　春　姜正荣　左志亮

前　言

超大型建筑一直是人们展示发展成就的主要手段，一旦经济社会发展取得一定成就，往往通过兴建大型建筑工程来向世人展示，以其强烈的标志性作用来提升城市和国家形象（城市和国家的"名片"）。近年来，随着经济持续高速的发展，我国进入了一个大规模的工程建设阶段，由于广州建设发展的需要，以及 2010 年第 16 届亚运会等一系列重大活动在广州的开展，建设了广州塔、广州国际金融中心、广州亚运馆为代表的大型项目，这些建筑令人瞩目。

本书以广州塔、广州国际金融中心、广州亚运馆工程施工实践为基础，系统全面地总结大型项目工程施工的创新技术及施工管理。本书共分 9 章，第 1 章，主要阐述超大型项目施工策划与组织；第 2 章通过分析超大型项目中超高层建筑的施工特点，介绍了施工垂直运输体系的构成与配置；第 3 章以竖向测量为重点介绍了超大型项目施工测量技术；第 4 章针对超大型项目基础埋深较大，地质条件复杂的特点，介绍了广州塔和广州国际金融中心的基础桩的厚大地下室底板施工技术；第 5 章以当前竖向结构施工为目标，介绍了超大型项目尤其是超高层建筑模板工程施工技术；第 6 章以超高泵送为重点介绍了超大型项目混凝土工程施工技术；第 7 章就大跨度空间钢结构、巨型斜交网格钢管混凝土柱外筒、塔桅等结构特点，介绍了超大型项目钢结构安装施工技术；第 8 章介绍了超大型项目结构施工监控技术；第 9 章介绍了超大型项目机电设备安装与装饰施工新技术。

本书介绍的超大型项目施工新技术，有些技术在借鉴其他超大型项目建设的成功经验上进行提升，有些技术是我们根据工程特点自行研发的，这些技术的成功运用保证了广州塔、广州国际金融中心、广州亚运馆工程的顺利建设，广州塔项目获得鲁班奖和詹天佑奖，广州亚运馆项目获得詹天佑奖和国家优质工程银质奖，广州国际金融中心获得鲁班奖和正在申报詹天佑奖。同时，这些技术也得到了业界专家的肯定。

在本书编写时，我们力求将系统总结与工程实践相结合，也参考了国内外专家学者出版的图书和文献，引用了相关单位的技术资料，谨向这些同志表示衷心敬意！也希望本书能对从事超大型项目施工技术研究与工程实践的技术人员提供借鉴。但超大型项目施工技术是一门综合性非常强的应用技术，它涉及多门学科，可积累的研究成果极为丰富，书中不当之处，真诚希望广大读者和专家批评指正。

目　录

第1章 超大型项目施工策划与组织

超大型项目施工策划与组织是顺利实现项目目标和完成项目管理全部任务的首要环节。超大型项目施工是一个复杂的系统工程，需要全方位、全过程进行资源的有效配置、整合和管理。因此，加强超大型项目施工策划与组织有其必要性，其涵盖了项目管理全过程的方方面面，在一定程度上使项目在实施过程的各阶段管理和局部管理衔接紧密，系统资源分配合理，更好地保证了工程项目能够按计划有序实施及平稳运行。

1.1 超大型项目施工特点

随着建筑业的不断发展，超大型项目不断涌现，主要体现为大型公共建筑场馆和超高层建筑，这些建筑均具有规模庞大、工期紧张；基础埋置深、施工难度大；结构跨度大或超高、施工技术含量高；作业空间狭小、施工组织难度高；工期长、冬雨期施工难以避免；人机料垂直运输量大；功能繁多、系统复杂、施工组织要求高等特点。

（1）规模庞大，工期紧张

超大型项目尤其是超高层建筑体量巨大，建筑面积达数 10 万 m²，所需投资往往达数十亿元（人民币），建设单位的资金压力非常大。资金压力体现在工期成本高，一旦工程延期就会提高投资成本，降低投资收益，故施工工期非常紧张。

（2）基础埋置深、施工难度大

为了满足结构稳定和开发地下空间的需要，超大型项目尤其是超高层建筑的基础埋置都比较深，基坑开挖深度甚至超过 30 m。深基础施工难度大和周期长，故施工安全风险也增大。

（3）结构跨度大或超高，施工技术含量高

超大型项目结构跨度大或超高，尤其是超高层建筑较其他建筑最为显著的区别是高度大。目前超高层建筑高度已经突破 800 m 大关（阿联酋迪拜哈利法塔高 828 m），正在朝 1 000 m 迈进。虽然有些超大型项目的跨度和高度并不突出，但是为了产生独特的建筑效果，造型非常奇特。结构跨度和高度的不断增加及造型的奇特都会增加超大型项目结构的施工难度，故施工技术含量高。

（4）建设标准高，材料设备来源广

超大型项目多为设计标准比较高的建筑，有些属城市标志性的建筑。业主和建筑师为了打造精品，往往采用当今世界最新科技成果，就要在全球范围采购大量材料和设备。这对总承包管理能力是一个严峻考验，因此在管理前瞻性要求高。

（5）工期长，冬雨期施工难以避免

超大型项目建筑体量大，施工周期长，建筑平均工期长达 2 年左右，规模大的超大型项目建筑施工工期甚至超过 5 年。施工过程中历经冬雨季恶劣天气不可避免。特别是随着施工高度的增加，作业环境更加恶劣，风大、温度低给结构施工带来很大困难。

（6）人机料垂直运输量大

超大型项目建筑体量巨大，除结构材料外，机电安装与装饰工程所需的材料设备有时重达数十万吨，数千名施工人员上下的交通流量相当大，因此应提高垂直运输体系的效率，以加快施工进度。

（7）功能繁多，系统复杂，施工组织要求高

超大型项目尤其是现代超高层建筑往往集办公、酒店、休闲、娱乐和购物等功能于一体，作业空间非常狭小，功能繁多。为了实现建筑功能，除了建筑结构外，还包含强电系统、空调系统、给水排水系统、电梯系统、消防系统和楼宇自控系统等庞大而复杂的机电系统。故要在有限的时间和空间内，保质保量完成这些系统的施工，对总承包商的施工组织能力是一个严峻的考验。

1.2　施工技术路线

超大型项目施工前必须首先深入分析工程特点，明确项目的施工技术要点，然后制定针对性的施工技术路线。

1.2.1　超高层建筑施工技术路线

根据工程对象不同，超大型项目尤其是超高层建筑施工技术路线各有差异，但基本原则是相同的，内容如下：

（1）突出塔楼

超高层建筑具有投资大、工期长而紧张的显著特点，因此必须采取有力措施缩短施工工期。而在整个工程中，塔楼的施工工期无疑起着控制作用，故缩短工期关键是缩短塔楼的施工工期。为此，在施工组织中必须突出塔楼，将塔楼结构施工摆在突出位置。

（2）流水施工

超高层建筑施工的最大特点是作业面狭小，必须自下而上逐层施工，故必须利用超高层建筑垂直向上的特点，充分利用每一个楼层空间，通过有序组织，使各分部分项工程施工紧密衔接，实现空间立体交叉流水作业。这样可以大大加快施工速度，缩短项目的施工工期。

（3）工业化施工

超高层建筑施工作业面狭小、高空作业条件差，施工进度要求高，采用工业化施工可以减少现场作业量和高空作业量，因此必须有效利用当今科技进步成果，采用工业化施工。这样一方面可以加快施工速度，缩短施工工期；另一方面可以充分发挥工厂制作的积极作用，提高施工质量。

（4）总承包管理

超高层建筑功能繁多，系统复杂，参与承建的单位多且来自五湖四海，只有强化总承包管理才能将他们有序地组织起来，实现对工程质量、工期、安全等的全面管理和控制，确保业主的项目建设目标顺利实现。

1.2.2　大型公共建筑场馆施工技术路线

随着建筑理念的不断更新，出现许多新型建筑，尤其是体育场馆、会展中心、机场建筑等大型公共建筑多采用大跨度、复杂空间钢结构作为屋盖结构体系，而大型公共建筑和场馆建筑的设计新颖，建筑规模大，技术多样复杂，质量要求高，工期短，社会影响大，给建筑施工的实施带来很多困难，特别是大跨度空间钢结构施工。

大跨度空间钢结构施工主要采用高空散装法、分条分块吊装法、滑移法、单元或整体提升（顶升）法、整体吊装法、折叠展开式整体提升法、高空悬拼安装法等施工方法。因此，施工前应根据结构特点和现场施工条件，制定施工技术路线——安装方法。吊装单元应结合结构特点、运输方式、起重设备性能、安装场地条件来划分，同时应采用工业化施工，减少现场作业量和高空作业量，提高施工质量。

1.3　施工平面布置

施工平面布置是现场管理、实现文明和绿色施工的依据，是施工组织设计的重要内容，具有较强的技术性、经济性、政策性，需要统筹规划和组织。

1.3.1　施工平面布置内容

施工平面图应对施工机械设备布置、材料和构配件的堆场、现场加工场地以及现场临时运输道路、临时供水供电线路和其他临时设施进行合理布置，重点内容：

（1）建筑设计总平面上已建和拟建的地上和地下一切房屋、构筑物及其他设施的位置和尺寸。

（2）施工现场的红线，可临时占用的地区，场外和场内交通道路，现场主要入口和次要入口，现场临时供水供电的接驳位置。

（3）测量放线的标桩、现场的地面大致标高。地形复杂的大型现场应有地形等高线，以及现场临时平整的标高设计。

（4）现场主要施工机械如塔式起重机、施工电梯或垂直运输龙门架的位置。塔式起重机应按最大臂杆长度绘出有效工作范围。移动式塔式起重机应给出轨道位置。

（5）各种材料、半成品、构件以及工业设备等的仓库和堆场。

（6）为施工服务的一切临时设施的布置（包括搅拌站、加工棚、仓库、办公室、工人宿舍、供水供电线路、施工道路等）。

（7）消防入口、消防道路和消火栓、消防器材等的位置。

1.3.2　施工平面布置原则

（1）动态调整原则

超大型项目尤其是超高层建筑施工周期长，且具有明显的阶段性特点，因此施工平面布置应动态调整，以满足各阶段施工工艺的要求。

① 在编制施工总平面图前应当首先确定施工步骤，然后根据工程进度的不同阶段编制按阶段划分的施工平面图，一般可分为土方开挖与基坑支护施工、基础施工、上部结构施工和机电安装与装修等阶段，并编制相应的施工平面图。

② 为了减少施工投入，施工平面布置动态调整中应注意有序转换，尽可能避免主要施工临时设施（如主干道路、仓库、办公室和临时水电线路）的调整，实现主要施工临时设施在各阶段的高度共享。

（2）文明施工原则

充分考虑水文、气象条件，满足施工场地防洪、排涝要求，符合有关安全、防火、防震、环境保护和卫生等方面的规定。

（3）绿色施工原则

施工平面布置应紧凑，并应尽量减少占地；应在经批准的临时用地范围内组织施工；应根据现场条件合理设计场内交通道路，施工道路应与永久道路兼顾考虑；并应充分利用拟建道路为施工服务。

（4）经济合理原则

合理布置起重机械和各项施工设施，科学规划施工道路和材料设备堆场，减少二次驳运，降低运输费用；尽量利用永久性建筑物、构筑物或现有设施为施工服务，降低施工设施费用，比如利用永久消防电梯和货运电梯作为建筑装饰阶段的人货运输工具。

1.4　工程案例 1——广州国际金融中心项目施工组织

1.4.1　概述

广州国际金融中心项目为集办公、酒店、休闲娱乐为一体的综合性商务中心，位于珠江大道西侧、花城大道南侧。项目建成后作为广州市的一个标志性建筑，其新颖的结构体系，优美的建筑外观，将成为珠江江畔上一道亮丽的风景线。

该工程由广州越秀城建国际金融中心有限公司开发，广州市建筑集团有限公司与中国建筑股份有限公司联合承建，WilkinsonEyre. Architects～Arup 联合体、华南理工大学建筑设计研究院设计，广州城建开发工程咨询监理有限公司监理。

项目总建筑面积 45 万 m²，包括 4 层地下室（局部 5 层）、5 层裙楼、两栋 28 层的附楼和一栋 103 层的主塔楼组成，其中主塔楼总高度 440.75 m，平面呈三角拟合弧状心形，立面为中间粗两端细的梭形，整体造型设计为光滑通透的水晶。见图 1-1。

图 1-1　广州国际金融中心工程项目效果图

主塔楼设计 70 层以下为智能甲级写字楼，70 层以上为白金五星级酒店，顶部设置观光层和直升机停机坪，中部间隔设置有 5 个设备层和避难层。附楼、裙楼及地下室为配套公寓、商场、停车场。

其中主塔楼结构体系为筒中筒混合结构，核心筒为钢筋混凝土结构，外框筒为钢结构，其中外框钢柱为巨型斜交网格体系，每 27 m 高度为一个节段，共 17 节，每节由 15 个 "X" 形节点和 30 根倾斜钢柱组成，钢管直径由底部的 1.8 m 逐渐变为顶部的 0.8 m，钢管内灌注 C70~C90 的超高性能混凝土；混凝土核心筒在 67 层上下存在结构体系的转变，67 层以下为六边形设计，67~74 层为结构过渡层，74 层以上核心筒结构变为自身不能稳定的倾斜弧形薄墙结构；内外筒之间为钢梁组合楼盖，楼盖采用钢筋桁架肋钢模板。

外围护采用全幕墙结构，内隔断为混凝土砌块墙与轻质隔板墙。并设计有消防、通风、空调、强弱电、给排水、真空垃圾等配套系统。

1.4.2　施工总体思路

施工安排主塔楼和附楼同时施工，突出主塔楼结构为主线，混凝土结构和钢结构协调同步进行，互为依托，相互配合、穿插。选择先进的施工工艺（外框斜交网格柱逐节吊装、整环校正；核心筒大吨位长行程油缸整体顶模施工工艺；钢管柱混凝土高抛加人工振捣），投入充足、先进的机械设备（3 台爬升式 M900D 塔吊及 11 台高速施工电梯保证人料垂直运输；3 台高压 HBT90CH 混凝土输送泵保证混凝土的超高泵送），配备精干高效的管理及施工队伍，在保证主塔结构的同时协调管理各工种及时插入（机电安装在主塔结构施工完 19 层后插入，分段跟进；幕墙在主塔结构施工完 36 层后插入，逐层向上；内装饰在施工完 45 层后插入），通过合理的工序安排保证各个工期节点。

为保证上述施工安排，成立项目的管理机构，做好项目施工的全面保障工作，完善总承包管理体系，对项目的工期协调、资源调配、管理流程等做好明确的规定，避免因管理的失误导致工期的延误。

1.4.3 施工总体策划与部署

(1) ±0.000 以下结构施工策划与部署

项目开工进场后，由于恰逢春节前夕，工程进行前期准备工作，为保证工程的整体工期，延误部分计划在第一个工期控制点内抢回来，因此地下结构全面展开，核心筒结构同步进行，外框钢结构第一节直管段随土建结构的进度逐层进行。根据后浇带划分为如下施工段，安排三个施工队同步展开进行，见图1-2。

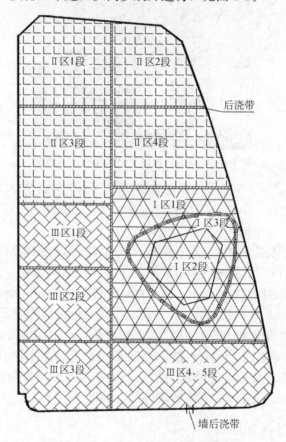

图1-2 ±0.000 以下结构施工分区图

(2) 裙楼和附楼施工策划与部署

±0.000 结构以后随即进行裙楼的施工。裙楼根据附楼区域平面上划分为两个区域同步展开施工，逐层向上，裙楼于2007年7月2日结构封顶，附楼于2007年12月15日结构封顶。附楼结构施工至15层后，开始穿插地下室机电安装施工；附楼精装饰由上向下施工，最后进行裙楼精装饰、机电系统调试及装饰收尾。附楼于2009年2月25日竣工。

(3) 主塔楼结构施工顺序

根据该工程结构特点，主塔楼主体结构先行施工核心筒墙体，依次进行外钢框架层钢结构安装和组合楼板结构施工，最后进行屋顶直升飞机停机坪的钢结构安装，见图 1-3。

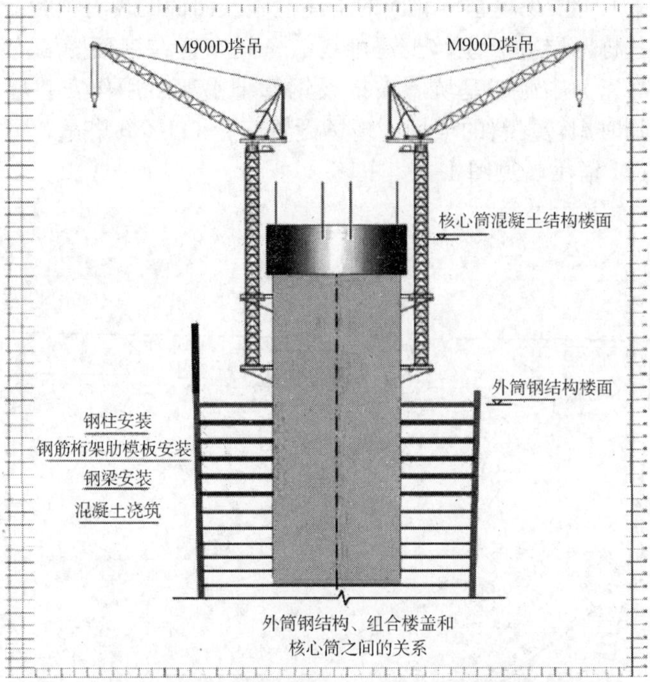

图 1-3　核心筒与外筒钢结构、组合楼盖施工之间的关系

（4）根据进度安排，主塔楼相应结构楼层施工完毕后，依次进行砌体与批档施工、设备安装施工、玻璃幕墙施工；玻璃幕墙施工完毕后进行剩余设备安装以及装饰工程施工。

1.4.4　施工平面布置

1. 布置原则

（1）根据工程特点和现场周边环境的特征，充分利用现有施工现场的场地和布置，做好总平面布置规划，满足生产、文明施工要求。

（2）做好现场平面布置和功能分区，对现有临建及管线进行调整。

（3）加强现场平面布置的分阶段调整，科学确定施工区域和场地平面布置，尽量减少专业工种之间交叉作业，提高劳动效率。

（4）加强平面施工的检查及监督整改，保证场内施工道路通畅。

（5）各项施工设施布置要满足方便生产，有利生活，安全防火，环境保护和劳动保护要求。

（6）因地下室与外部地下结构空间相连，地下室结构施工完后必须拆除基坑北面现有的办公设施并移位重新布置。

（7）由于施工现场的场地非常有限，现场布置办公用房、必要的食堂、厕所及钢筋车间、材料堆场等，且根据不同施工阶段进行必要的移位调整。

（8）由于基坑边距离围墙较近，基础施工阶段现场只沿基坑边设置人行道路，施工车辆用道均利用现场外道路。

（9）局部地下室顶板结构施工完毕后，对地下室顶板进行加固，用作钢结构堆场及现场行车道路。

2. 总平面布置

（1）地下室施工阶段现场基坑北面的临建设施及西面的现有宿舍予以保留，现场西南角围墙内加建一栋两层办公室；土建堆场、车间布置在南面围墙内基坑边及西北面基坑的底板上，靠富力中心的基坑斜坡搭设钢管脚手架后用作安装堆场及车间，其余基坑周边主要做临时周转材料的堆场。现场设置三台 QTZ80 塔吊，另于主塔楼核心筒内设置一台 K40/21 塔吊，见图 1-4、图 1-5。

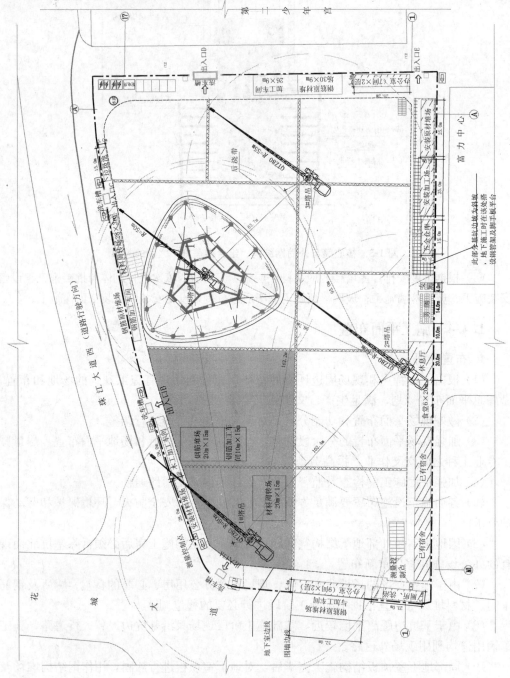

图 1-4　地下室施工阶段平面布置图

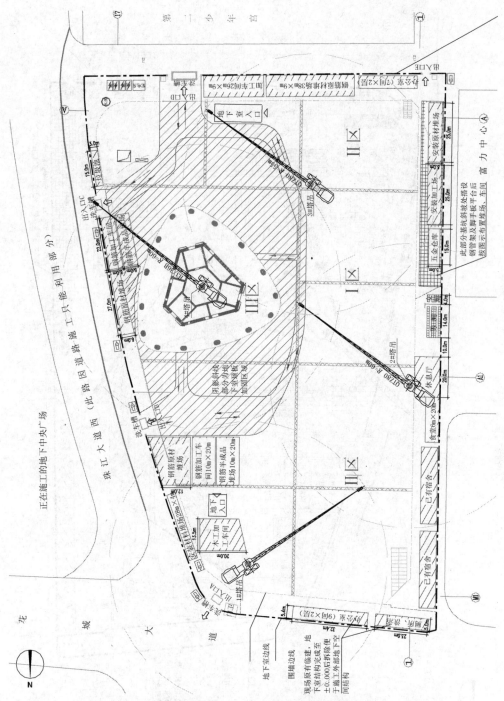

图1-5 地下室结构与主体交叉施工阶段平面布置图

（2）主体施工阶段由于北面地下室空间结构的施工，将北面的临建设施拆除，在裙楼南侧地库顶板上加建办公室，此时在附楼东侧及主塔楼东侧布置土建堆场、车间。安装堆场、车间则移位到南面，主塔楼周围布置钢结构堆场及道路，主塔楼布置三台M900D塔吊，见图1-6。

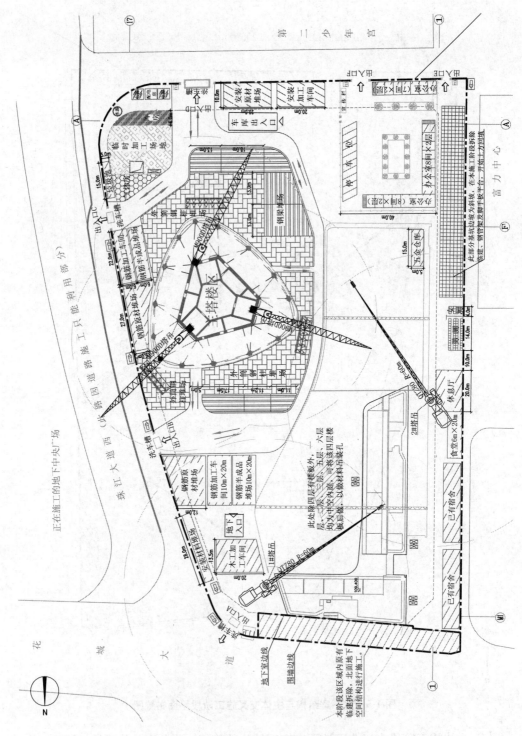

图1-6　主体结构施工阶段平面布置图

（3）装修插入阶段裙楼南侧布置粗装修材料的堆场及搅拌机棚，裙楼范围内的东侧首层增加设置粗装修材料堆场及搅拌机，附楼全面装修施工阶段将附楼东面地下室顶板上的钢筋木工车间、堆场撤除，布置机电安装材料堆场及装修材料堆场，附楼北面也设置装修材料堆场。本阶段附楼的两台 QTZ80 塔吊拆除，见图 1-7、图 1-8。

（4）主塔楼停机坪施工阶段只留下东北面的 M900D 塔吊，其余两台均拆除，在原有的钢结构堆场均布置装修材料的堆场，但保留东北面用作屋面停机坪施工材料的堆场及拼装场，见图 1-9。

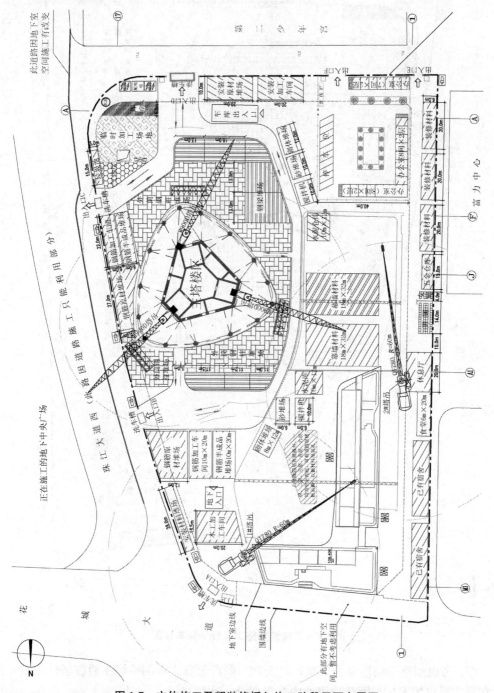

图 1-7　主体施工及粗装修插入施工阶段平面布置图

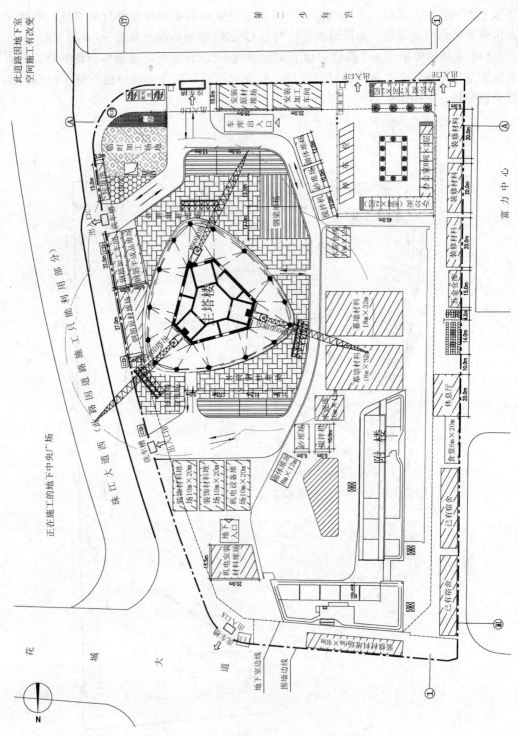

图 1-8 附楼装修施工阶段平面布置图

（5）考虑到施工场地极为狭窄，整个施工阶段劳务人员的住宿主要在场外租赁，同时在业主提供的 B2-10 钢结构用地中布置部分住宿用房。

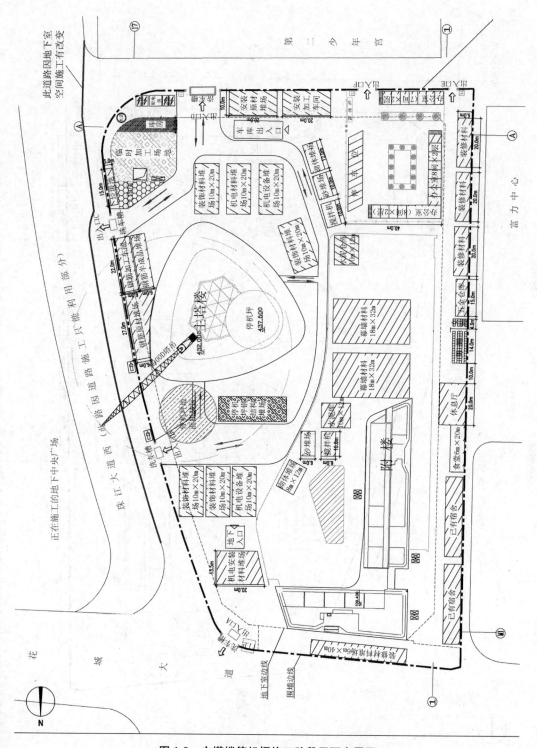

图 1-9　主塔楼停机坪施工阶段平面布置图

图 1-10～图 1-12 分别为装修施工阶段平面布置图、附楼交工后主塔楼装修施工阶段平面布置图、主塔楼典型楼层材料堆放示意图。

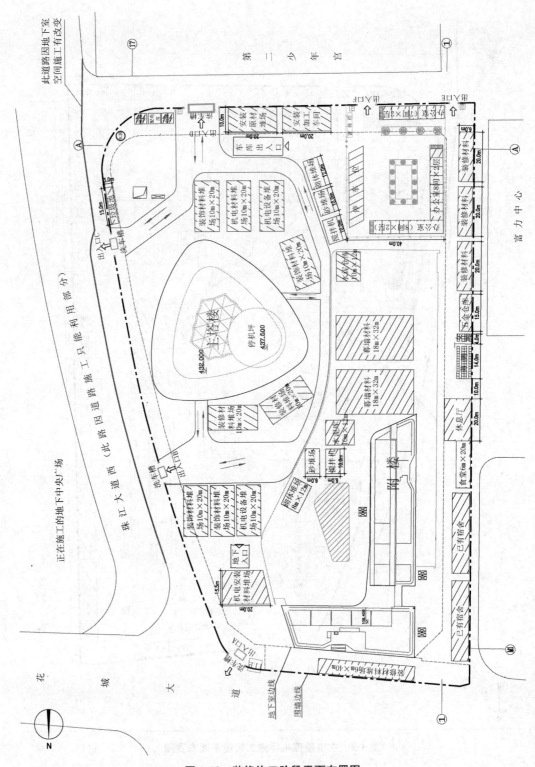

图 1-10 装修施工阶段平面布置图

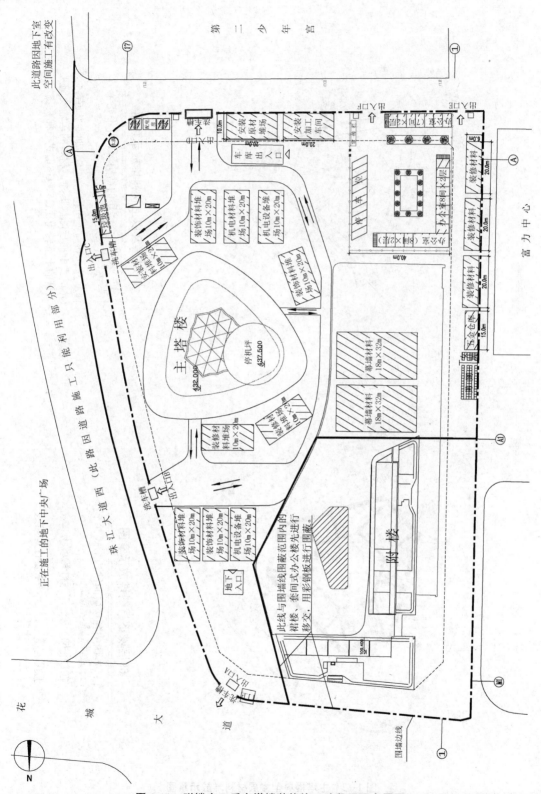

图 1-11　附楼交工后主塔楼装修施工阶段平面布置图

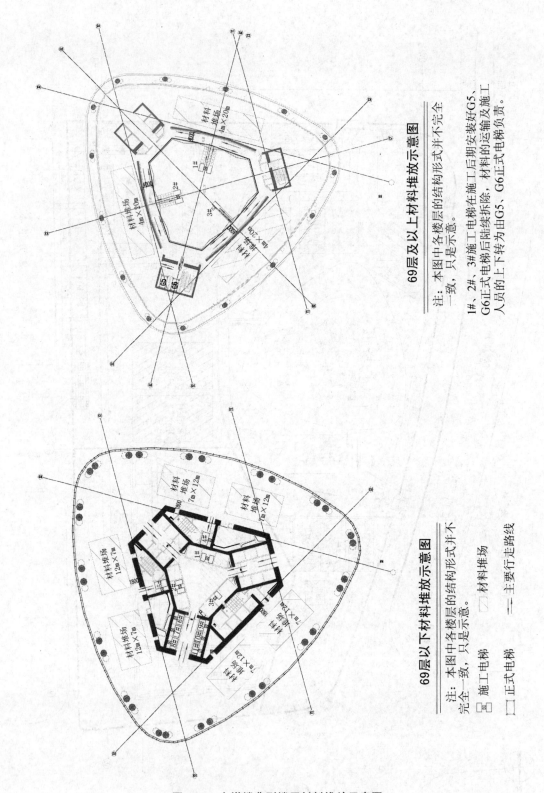

图1-12　主塔楼典型楼层材料堆放示意图

1.5 工程案例 2——广州塔项目施工组织

1.5.1 概述

广州塔项目位于珠江景观轴与城市新中轴线交汇处的珠江南岸，建设用地北临珠江，东邻帝景花园，西侧为原新中国造船厂，也是即将建设的电视中心用地，南邻赤岗塔。用地的北块是塔体的建设用地，南块是水体绿化景观广场用地。围绕地块的城市道路：北是滨江东路，南是观光塔路，东西两侧的规划路。与珠江新城中的"双子塔"构成大三角，与珠江新城南端的广州市歌剧院、广东省博物馆构成小三角。

广州塔项目总用地面积约 17.6 万 m^2，其中塔基用地面积约 8.5 万 m^2，总建筑面积约 12.9 万 m^2，建筑物总高 600 m。项目地下两层，其中地下二层约 1.2 万 m^2，主要为车库（五级人防区）、设备用房及电视塔器材间；地下一层约 3 万 m^2，主要为停车场、饮食街、展览和地下设备用房，另外还包括厨房员工餐厅等其他用途区域。首层为商业建筑和主要的流通地带。广州塔主塔体包括 37 层不同功能的封闭楼层，作为观光塔、餐厅、电视广播技术中心及休闲娱乐区等。

该工程主体结构采用筒中筒结构体系，内部采用钢筋混凝土核心筒，外部采用由斜钢管混凝土柱、钢环梁及钢斜撑构成的钢框架，其与中间混凝土核心筒通过楼面梁、水平支撑及桁架等形式进行连接，顶部为桅杆天线。基础采取人工挖孔桩（最大直径为 3.8 m）及钻孔桩；钢结构外筒是一个由椭圆经过复制、平移、旋转、切分、连接等一系列几何变换而组成的格构式结构，由 24 根钢管混凝土柱组成，柱截面由底部的 $\varnothing$2 m 钢管连续渐变至顶部的 $\varnothing$1.2 m 钢管，钢管壁厚度为 30~50 mm，柱内填充 C60 混凝土；环梁共 46 组钢管。楼层及水平支撑：主梁采用 H 型钢截面，跨度介于 10~32 m，高度介于 0.6~1.5 m；次梁采用 H 型钢截面，间距约 3 m，高度约为 0.35 m；功能层楼板为压型钢板与钢筋混凝土的组合楼板结构，采用压型钢板兼作楼板混凝土模板。在钢结构外筒和核心筒之间设置了三层钢结构水平支撑。桅杆天线高度达 146 m，位于塔体顶部，下部采用格构式钢结构，上部采用全钢板焊接成箱形截面。桅杆天线平面形状为正八边形和方形两种形式，底部正八边形平面轮廓为 10.0 m×10.0 m，顶部平面轮廓为 0.75 m×0.75 m，总用钢量约为 5 万 t。

1.5.2 施工技术路线

广州塔工程采用"底板分区浇筑、主塔楼主导施工、混凝土核心筒领先钢结构，临时支撑辅助钢结构安装、天线分节顺作提升"的技术路线。结构总体采用阶梯形施工，最大限度地利用时间和空间，确保整个工程施工的高效、安全和可靠性。

工程平面上分为 A、B1、B2、C 四个区域，便于展开平面流水施工，见图 1-14，具体部署如下：

（1）A 区和 C 区地下结构同步施工，80 t 履带吊吊装核心筒钢骨，150 t 履带吊提前

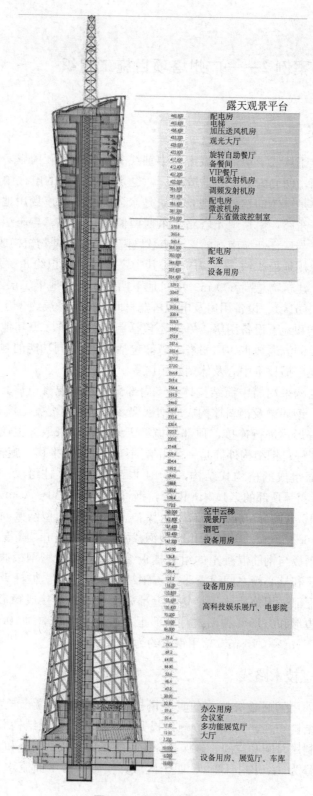

图 1-13　电视塔功能图

进场安装钢柱脚，主塔楼的核心筒体施工采用电脑自动调平整体提升钢平台模板系统。

（2）选用两台 M900D 重型塔吊作为钢结构施工的主要机械，它具有起重能力大、覆盖范围广的特点，尽可能减少钢结构分段以提高工效。100 m 以下增加两台 300 t 履带吊配合钢结构吊装。

（3）钢结构吊装以施工阶段结构计算为先导，以施工监测、施工控制为重点，以临时支撑为重要辅助手段，以外挂内爬式塔吊和重型履带吊为主要施工机械，逐节分环安装外筒框架。

（4）选用高性能混凝土泵送系统，优化材料配合比和管道设计，实现 459 m 标高 C60 混凝土一泵到顶。

（5）顶部天线分节施工。底部格构式天线采用高空分段原位拼装方案，顶部 160 t 钢结构实腹式天线利用同步控制系统实现整体提升就位方案。

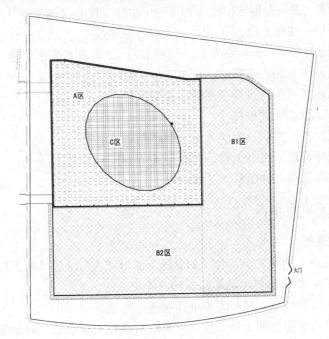

图 1-14　分区施工图

总体施工流程中反映"分区作业、突出主塔、搭接施工"的特点，根据开工时间排列，各区的施工顺序为：A（±0.00 以下）、C（主塔结构）→B1→B2→C（桅杆吊装）→A（广场层）→外围总体。

该流程的一个特点是同步施工 A 区和 C 区地下结构，待 ∅3.8 m 人工挖孔桩施工完成时，A 区地下结构尚未完成，300 t 履带吊还不能进入 A 区 ±0.000 环形加固区域进行钢结构的吊装，因此先将一台 150 t 履带吊放入 C 区内，实现 24 根钢柱脚的提前吊装，从而提早进行 C 区底板以及地下结构的施工。为此，通过进行必要的结构受力分析，论证了环形楼板（A 区地下结构）代替基坑支护系统的可行性与合理性。整个工程的总体施工流程共为如下 15 个步骤：

（1）初始状态：主塔楼区挖土结束，总承包商入场。

（2）A、C区人工挖孔桩施工，同时核心筒区域进行深坑土方工程。

（3）C区人工挖孔桩施工，穿插进行环梁第一层浇筑，同时利用80 t履带吊辅助核心筒施工至±0.000，A区进行底板施工，地下工程分4个工作面平行施工。

（4）C区利用150 t履带吊在坑底进行柱脚安装，同时进行A区地下结构施工，核心筒施工至12 m标高，准备进入标准层施工。

（5）C区底板及环梁混凝土浇筑，同时A区地下结构施工至±0.000，进行环形区域加固，300 t履带吊入场，核心筒钢平台组装完毕，并完成第一次爬升。

（6）C区搭设临时钢管柱，辅助+6.8 m标高钢结构楼层吊装，同时核心筒施工至+32.8 m，安装2台M900D塔吊。

（7）借助+6.8 m标高钢结构楼层，C区进行第一环钢结构吊装，同时进行C区地下土建工程施工（2006年11月30日，全部工程出±0.000）。

（8）核心筒施工面领先钢结构施工面35 m左右。核心筒施工至150 m标高左右，同时开始B区围护、桩基工程。

（9）核心筒施工至300 m标高左右，同时B1、B2区进行流水作业。

（10）核心筒施工到顶，进行永久电梯安装，B2区开始结构工程。

（11）外框筒施工到顶，进行顶部转换桁架吊装。

（12）分节施工顶部天线桅杆。

（13）启用二次泛光照明，提前为城市增添亮彩。

（14）依次完成幕墙、机电工程，同时完成A区平台层施工。

（15）完成装饰工程，外围总体工程，竣工验收。

1.5.3　施工平面布置

1. 平面布置原则

（1）在不影响施工的前提下，合理划分施工区域和材料堆放场地。根据各施工阶段合理布置施工道路，保证材料运输道路通畅，施工方便。

（2）符合施工流程要求，减少对专业工种施工干扰。

（3）各种生产设施布置便于施工生产安排，且满足安全消防，劳动保护的要求，临设布置尽量不占用施工场地。

（4）总体施工开始后，对施工区域内影响施工的临设、库棚、堆场等设施进行相应调整、移位。

（5）根据交叉施工原则的施工流程，按时间段进行分阶段布置。同时，现场机械将根据该工程地理、建筑、结构等特点进行布置，以满足整个现场及施工过程的需要。

（6）施工现场的临时设施的搭建不得损坏测量控制网的测量标志，不得影响测量标志的通视条件。

（7）在施工期间，建立有效的排水系统，并进行日常维修，防止对周边路面造成污染，做到工地临时排水措施畅通有效，达到"平时无积水，雨后退水快"的效果。

（8）在竣工验收合格后，自行拆除搭设的所有临时设施，且在15 d内清运完毕。

（9）为了保持工地及其周围环境的清洁卫生，在施工期间所产生的施工垃圾和生活垃圾将每隔3天搬离施工现场，直至工完料清交付使用。渣土的清理手续将在建设单位的协助下，及时进行办理和外运渣土。在车辆进出施工现场的主要出入口设置车辆清洗设备，以保证施工泥浆不随车辆污染市政道路。

（10）对雨季和汛期现场排水系统的日常维修措施，成立现场排水系统日常维修班组，专人负责、定期检查和清除排水沟以及沉淀池中积存物，确保排水沟畅通。逢雨季、汛期增加潜水泵，提高排水流量、流速，确保排水畅通、迅速。雨季、汛期成立防汛抗台工作小组，做到人员到位、职责分明、防汛抗台物质储备充裕。

（11）夜间施工照明主要利用场内镝灯照明，另配小太阳灯局部辅助照明。场地四周设置灯架照明。混凝土核心筒上下施工楼梯间设 36V 低压照明，确保施工期间上下照明的需要。

2. 施工平面布置

图 1-15～图 1-18 分别为不同施工阶段的施工平面布置图。

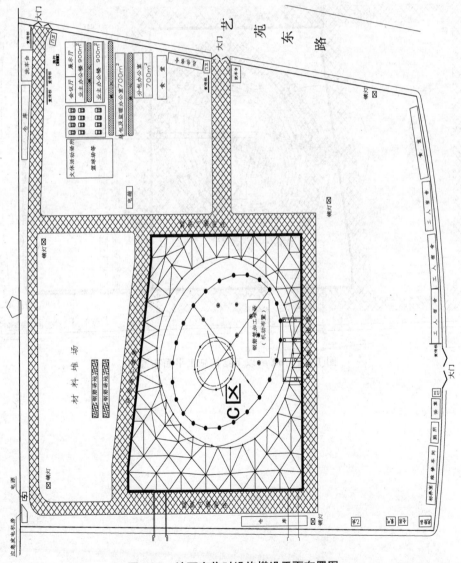

图 1-15　地下室临时设施搭设平面布置图

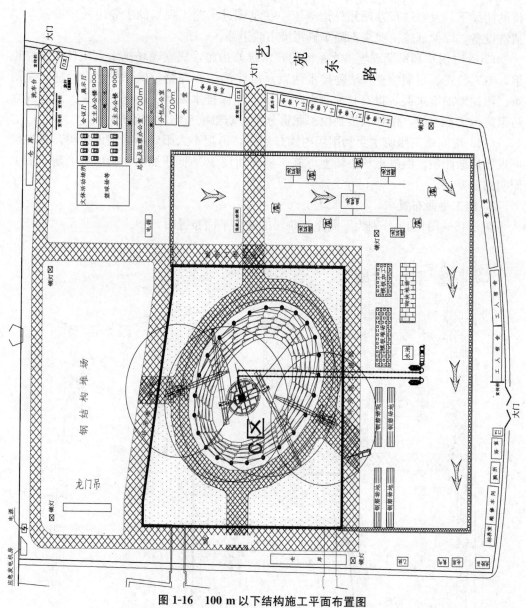

图 1-16　100 m 以下结构施工平面布置图

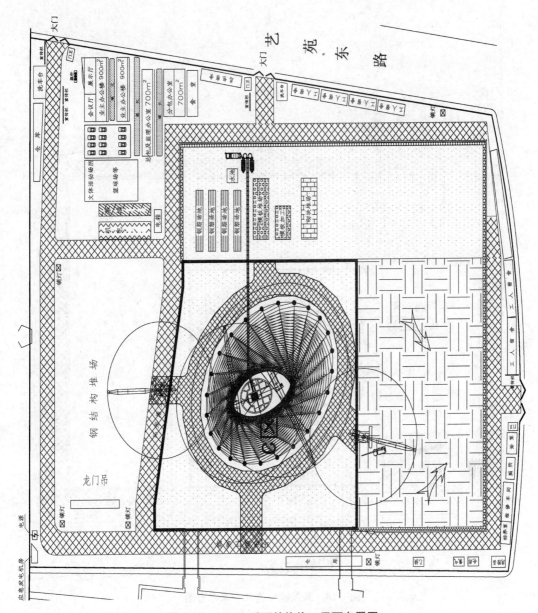

图 1-17　454 m 以下结构施工平面布置图

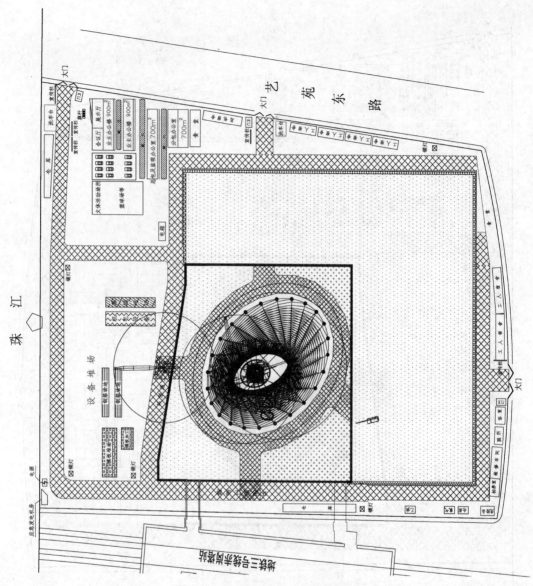

图 1-18 天线桅杆施工平面布置图

第 2 章 超大型项目施工垂直运输体系的规划

2.1 垂直运输体系的构成和配备

2.1.1 概述

超大型项目尤其是超高层建筑施工垂直运输体系是一套担负建筑材料设备、施工人员和建筑垃圾运输的施工机械。超大型项目建筑规模庞大，所需建筑材料数以十万吨计，施工现场作业量大，所需施工人员多，高峰时施工人员数以千计，将这些建筑材料及时运送到所需部位和每天超过 2 000 人次的施工人员上下是一项繁重的任务，对垂直运输体系是严峻考验。

垂直运输体系的合理配置对加快超高大型项目的施工速度，降低施工成本具有非常重要的作用。因为高效的垂直运输体系是超大型项目高层建筑顺利施工的先决条件，"兵马未动，粮草先行"，快速、高效、及时地将建筑材料运送到施工作业部位，对于加快超大型项目施工进度具有重要意义。目前，制约大型项目施工进度的关键环节还是钢结构吊装效率，提高钢结构构件垂直运输效率是加快钢结构工程施工进度的有效措施。其次施工人员是超大型项目施工的生力军，如何确保施工人员快捷到达施工作业面一直是工程技术人员关注的课题。

2.1.2 垂直运输体系的构成

根据施工垂直运输对象的不同，超大型项目尤其是超高层建筑施工垂直运输体系一般由塔式起重机、施工升降机、混凝土泵及输送管道等构成，其中塔式起重机、施工升降机。混凝土泵应用极为广泛，输送管道在我国暂时还应用不多。超大型项目施工垂直运输对象按重量和体量可以分为：

（1）大型建筑材料设备

建筑材料设备单件重量和体量比较大，对运输工具的工作性能要求高。主要包括钢构件、预制构件、钢筋、机电设备、幕墙构件、模板以及大型施工机具等。

（2）中小型建筑材料设备

建筑材料设备单件重量和体量都比较小，对运输工具的工作性能要求相对较低。主要包括机电安装材料、建筑装饰材料和中小型施工机具等。

（3）混凝土

建筑材料使用量大，但对运输工具的适应性强。

（4）施工人员

超大型项目尤其是超高层建筑施工人员数量大，且上下时间相对集中和更需确保安全，故垂直运输强度大，对运输工具的可靠性要求高。

（5）建筑垃圾

超大型项目尤其是超高层建筑施工各个阶段和各个施工作业面都可能产生建筑垃圾，故产生的垃圾数量虽然不特别大，但是时间和空间分布广，必须及时将其运出，以提高文明施工水平。

2.1.3　垂直运输体系配置

垂直运输体系的合理配置对加快超高层建筑施工速度，降低施工成本具有非常重要的作用。其配置时应充分考虑：垂直运输的能力满足施工作业需要、垂直运输的效率满足施工速度需要，且要正确处理投入与产出的关系，实现垂直运输体系综合效益最大化。

超大型项目尤其是超高层建筑施工特点各不相同，但是施工垂直运输对象基本相似，因此垂直运输体系主要配置大同小异，多采用塔式起重机、混凝土泵和施工升降机作为垂直运输体系主要机械，只是垂直运输机械的配置数量因工程而异。

1. 塔式起重机

塔式起重机应根据工程项目建筑结构特点、塔式起重机的作业环境和工程所在地的社会经济发展水平来配置，且应当遵循技术可行、经济合理原则。

（1）建筑结构特点

对于现浇钢筋混凝土结构的超大型项目施工中，建筑材料单件重量小，对塔式起重机的工作性能要求低，而且主要建筑材料——混凝土可以采用混凝土泵输送，塔式起重机运输工作量比较少，因此塔式起重机配置（性能和数量）就可以保持在较低的水平。

对于钢结构超大型项目施工中，钢结构构件重量大，有的甚至重达百吨，对塔式起重机的工作性能要求高，且主要建筑材料——钢材（钢筋和钢构件）只能利用塔式起重机运输，塔式起重机的运输工作量大，因此塔式起重机配置（性能和数量）必须保持较高水平。

（2）作业环境

超大型项目施工的吊装作业是一项风险比较大的活动，故要严格控制塔式起重机的活动范围，避免塔式起重机作业事故引起周围人员和财产的重大损失，故作业环境对塔式起重机的选型影响显著。

当作业环境较宽阔时，可以选用成本比较低，但对周围环境影响比较大的小车变幅塔式起重机。而对于作业环境比较差时，必须选用成本比较高，对周围环境影响比较小的动臂变幅塔式起重机，以便塔式起重机的作业范围始终控制在施工现场内。

（3）社会经济发展水平

对于社会经济发展水平比较高的国家和地区，人力资源是稀缺资源，劳动力成本比较高，因此必须通过提高施工机械化水平，减少劳动力消耗，达到降低施工成本的目的，这样塔式起重机的配置相对比较高。而对于我们尚处于社会经济发展水平较低的国家，大型施工机械是稀缺资源，人力资源比较充裕，成本比较低，因此必须充分发挥人力资源充裕的优势，适当降低施工机械化水平，塔式起重机的配置可考虑低一些。这样既降低了施工成本，又解决了人员就业问题。

塔式起重机选型与配置是一项技术经济要求很高的工作，选型过程中应重点从起重幅度、起升高度、起重量、起重力矩、起重效率和环境影响等方面进行评价，确保塔式起重机能够满足超大型项目施工能力、效率和作业安全要求。

2. 施工升降机

施工升降机是施工人员上下、中小型建筑材料、机电安装材料和施工机具的垂直运输工具，尤其是在塔式起重机拆除后，大量的机电安装材料、装修材料和施工人员都要依靠施工升降机进行运输。故它是超大型项目特别是超高层建筑施工垂直运输体系的重要组成部分。

一台双笼、重型、高速施工升降机（载重量为 2 t 或 2.5 t）服务建筑面积在 100 000 m^2 左右，且随建筑高度增加而下降。施工升降机配置类型主要受拟建工程的高度所决定，一般工程项目施工多选用双笼、中速施工升降机。当建筑高度超过 200 m 时则应优先选用双笼、重型、高速施工升降机。施工升降机配置数量也受建筑高度影响。

在超大型项目尤其是超高层建筑结构施工时，施工升降机的选择、布置及规划管理需要系统考虑以下几个方面：

（1）宜优先选用高耸施工升降机以充分提高运输效率。

（2）需根据不同的工程特点设置施工升降机的位置：

1）对于外立面比较规则的结构可设置在结构体外，这样对结构施工影响比较小，但会影响到幕墙或外立面的收尾工作；

2）设置在核心筒与外框筒之间，考虑施工升降机穿楼板，如此则需后补较多楼层的楼板结构；

3）施工升降机可以利用核心筒内永久电梯井道或其他井道设置，此方法二次施工的工作内容比较少，但对正式电梯或占用井道的管线系统安装有比较大的影响，在后期施工升降机与正式电梯转换时，考虑到超高层高速正式电梯安装时间比较长，容易对总体工期产生比较大的影响。

前两种方式均对总体工期影响比较小，但二次施工的工作量比较大。若采用第三种方式的话，可考虑中区及低区施工升降机在井道内布置，高区施工升降机原则上不宜占用任何井道空间。

(3) 施工升降机配置时，应充分考虑因超高带来的功效降低的相关措施：

1) 根据工程进度，按照不同高度来划分主要工作区，每个工作区内需配置独立的施工升降机服务。

2) 施工升降机最好能直达各个工作面，尤其是结构施工阶段最高工作面，这是因为受施工升降机自由高度限制，往往施工升降机只能到达爬升模板系统的底部，且在模板爬升与施工升降机加高之间存在时间差，即存在施工升降机服务盲点。

3) 各工作区施工升降机需根据工程进度，依据工作内容的变化，不断调整服务对象。

4) 施工升降机与正式电梯转换时间段，往往是垂直运输需求的高峰期，对此阶段的运输安排需系统规划管理。

3. 混凝土泵

混凝土泵是一种有效的混凝土运输工具，它以泵为动力，沿管道输送混凝土，可以同时完成水平和垂直运输，将混凝土直接运送至浇筑地点。混凝土泵具有输送能力大、速度快、效率高、节省人力、能连续作业等特点。因此，它已成为施工现场运输混凝土最重要的一种方法。

在超大型项目尤其是超高层建筑施工中，混凝土泵担负着混凝土垂直与水平方向输送任务，在垂直运输体系中占有极为重要的地位。混凝土泵选型和配置应根据超大型项目工程特点（规模、高度和结构类型）和工期要求确定混凝土泵技术参数。同时也应遵循技术可行、经济合理的原则。

(1) 确定混凝土泵输送排量和出口压力：

1) 根据超大型项目规模、结构类型和施工工期决定了混凝土泵的输送排量和配置数量，以满足超大型项目流水施工需要。

2) 考虑设备故障引起混凝土泵送中断，会产生结构冷缝，还应当配置备用泵。

3) 超大型项目高度决定了混凝土泵的出口压力。

(2) 根据混凝土泵输送排量和出口压力，确定混凝土的分配阀形式：

1) 蝶形阀对骨料的适应性最好，但是换向摆动的截面积较大，适合于低、中压等级的混凝土输送泵。

2) S形阀在泵送过程中压力损失少，混凝土流动顺畅，但受管径的限制，对骨料要求较高，适合于中、高压泵，适用于高层建筑和超大型项目施工的混凝土远距离、高扬程输送。

3) 闸板阀的性能介于蝶阀和S形阀之间，在中压泵上应用较多。

(3) 根据输送排量和出口压力，确定混凝土泵的电机功率：

在电机功率一定的情况下，出口压力的升高必将使输送量降低。相反，降低出口压力，将会使输送排量增加。

在技术可行的基础上，进行经济可行性分析，最终确定混凝土泵型号与配置。

2.2　工程案例 1——广州国际金融中心项目施工垂直运输体系的规划

2.2.1　工程概况

广州国际金融中心由主塔楼、附楼和裙楼组成。主塔楼地下 4 层，地上 103 层，高 432 m，采用钢管混凝土斜交网格柱外筒＋钢筋混凝土内筒的筒中筒结构体系。外筒由 30 根钢管混凝土柱自下而上交错而成。钢管立柱从 -18.6 m 底板起至 -0.5 m 形成首个相交 X 形节点，再往上每隔 27 m 相交，至结构顶部共有 16 层相交节点。X 形节点区钢管板厚随位置而变化，最厚达 55 mm，中间设置 100 mm 连接板，单个节点区分段重量最大 64 t，见图 2-1。

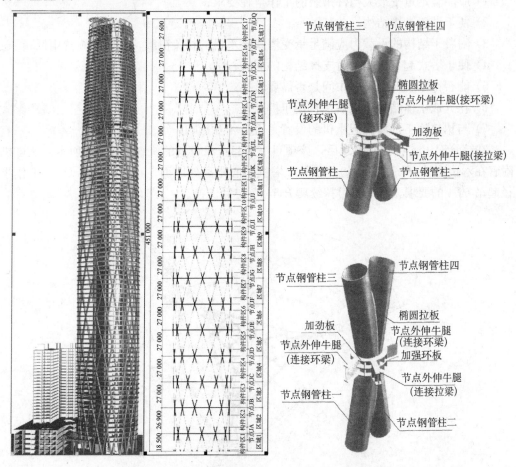

图 2-1　广州国际金融中心外筒钢柱布置及 X 节点图

2.2.2　塔式起重机的选型与配置

该工程具有节点重量大，分布范围广，构件重量差异悬殊等特点，结构安装将面临一系列难题，其中塔式起重机选型就是一项技术性和经济性要求都非常高的工作。围绕在技术可行的前提下，尽可能降低塔式起重机配置，以降低建设成本的目标，施工方案研究中，将塔式起重机选型作为重要课题。

1. 塔式起重机的选型

单个构件吊重是塔式起重机选型的最重要因素。针对该工程结构特点，最大构件重量为外框钢结构 X 型节点，通过与设计充分的沟通协商，构件分节后构件最大重量为 64 t，且需要塔式起重机最大 18 m 工作半径范围内。综合分析国内外同类工程经验及市场行情后，确定采用 M900D 动臂式塔式起重机。

2. 塔式起重机的配置

根据该工程的特点，塔式起重机的配置主要有设置的位置和数量两个方面。

（1）塔式起重机设置的位置

塔式起重机设置的位置应考虑以下几方面：

1）应能满足重量最大构件吊装的工作半径要求；

2）便于设置支撑结构；

3）附着于结构的承载力应满足承受塔式起重机的相关荷载，加固措施费用低；

4）便于塔式起重机爬升时支撑结构的周转；

5）能否持续爬升到顶，中间是否需要转换；

6）在完成主体结构施工后是否便于拆除；

7）与裙楼施工的塔式起重机的设置是否会相互影响。

在综合对上述各方面因素后，该项目塔式起重机设置的位置如图 2-2 所示，该塔机附着在六边形核心筒的三条短边以外，塔机中心距离外墙面 5 m，能保证 18 m 工作半径起吊 64 t 的要求，且塔机可持续爬升至 73 层后转换。

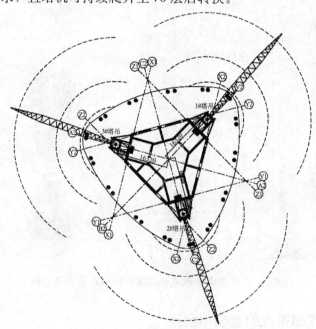

图 2-2　73 层以下塔式起重机定位图

（2）塔式起重机的数量

塔式起重机的数量应根据项目工程的结构形式和吊次需求来决定。

1）建筑结构形式

该项目采用钢管混凝土斜交网格柱外筒＋钢筋混凝土内筒的筒中筒结构体系，对于此类结构的工艺安排均需要混凝土核心筒单独领先一定高度来组织施工，故塔式起重机受制于自由高度的限制宜附着在核心筒结构上最佳。

另外在超高层结构施工中，选用爬升式塔式起重机是不二的选择，这就需要有能够支撑整个塔式起重机及相关荷载的支撑结构，而核心筒的形状、尺寸、结构形式直接限制了塔式起重机的设置位置，又限制了塔式起重机数量的配置。

2）吊次需求

塔式起重机的吊运能力直接影响整个工程以及钢结构工程的施工进度，钢结构的吊次需求是由构件分段来决定，而构件的分段是根据结构的特点、塔机最大吊重及吊装工艺特点来进行。因此，在确定塔机最大吊重能力后，需在尽可能减少现场吊运次数、降低现场焊接工作量的前提下，满足其他工序（如安全操作防护、混凝土浇筑等）的作业方便，进而确定塔式起重机配置的数量。

故在综合考虑上述因素后，该工程项目确定选择 3 台 M900D 塔吊。同时，通过精细的策划、计算与布置，最大限度地减少了现场结构加固辅助措施的投入，并通过移位转换，减少了塔机 300 m 标准节的额外投入，节约了近 2 000 多万元的施工设备投入。

2.2.3　施工升降机的选型与配置

1. 施工升降机的选型与配置

由于该工程建筑外立面为中间粗，上下两端细，且内外筒之间连接钢梁布置无规律，此两个位置不宜布置施工升降机，因此在核心筒电梯井道内设置了 10 台特制高速施工升降机，见图 2-3，分高、中、低三个区段服务。根据施工升降机的需求情况，划分为 6 个施工阶段来安排，见表 2-1，不同施工阶段垂直运输安排，见图 2-4。

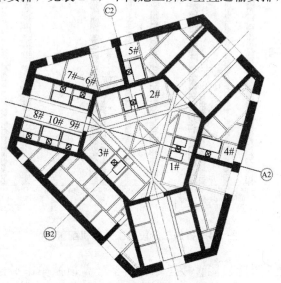

图 2-3　施工升降机布置图

表 2-1　施工阶段的划分

阶段	工况	电梯配备
第一阶段	−0.050（1F）～63.050 m（15F）核心筒结构施工，钢结构随后	3 台施工电梯（1#、2#、3#）
第二阶段	63.050（15F）～198.050 m（45F）层核心筒结构继续施工；机电、装修工程插入施工	5 台施工电梯（1#、2#、3#、4#、5#）
第三阶段	198.050（45F）～310.450 m（70F）核心筒结构施工；198.450 m（45F）以下机电、装饰施工	10 台施工电梯（1#、2#、3#、4#、5#、6#、7#、8#、9#、10#）
第四阶段	混凝土结构基本完工，钢结构继续施工；198.450 m（45F）以下机电装修基本完毕；正式电梯 G1、G2、G3、G4、H1、H2 安装	10 台施工电梯（1#、2#、3#、4#、5#、6#、7#、8#、9#、10#）
第五阶段	装饰、机电大面积施工；正式电梯 G5、G6 安装	5 台施工电梯（6#、7#、8#、9#、10#），8 台正式电梯（H1、H2、G3、G4、G1、G2、G5、G6）
第六阶段	联动、调试；工程收尾	4 台正式电梯（G1、G2、G5、G6）
备注	正式电梯安装调试完成后即开始投入使用，代替施工电梯作为垂直运输工具	

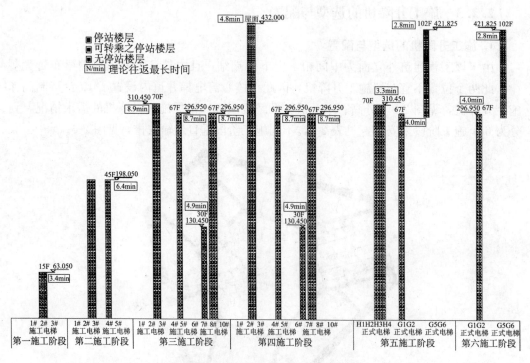

图 2-4　各施工阶段施工升降机配置图

同时，为实现施工升降机能直接运输人料至最高顶模操作平台上，高区施工升降

机设置时，在核心筒中间设置 3 部施工升降机，成三角形布置，利用可周转使用的 3
道三角形钢构架将 3 部施工升降机的标准节连接成整体，见图 2-5～图 2-7，提高施工
升降机标准节的抗侧刚度，实现了施工升降机 27 m 自由高度，由此大大提高了施工升
降机的运输功效。图 2-8 为上顶模操作平台的施工升降机现场图片。

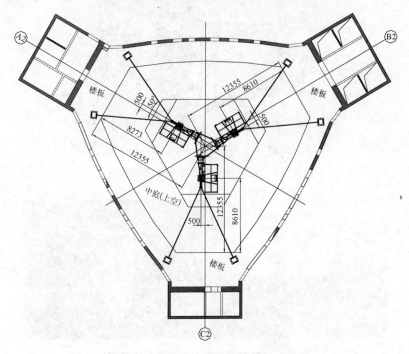

图 2-5　70 层以上施工电梯定位图

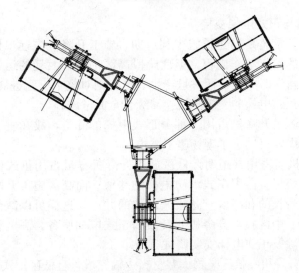

图 2-6　标准节连接平面示意图

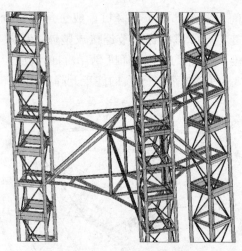

图 2-7　施工升降机标准节连接示意图

图 2-8　上顶模操作平台的施工升降机图片

2. 施工升降机与正式电梯交接

超大型项目尤其是超高层建筑施工到后期，施工升降机需逐步拆除，以利于进行因施工升降机影响的预留工作内容，但此阶段高区仍存在大量的运输需求，若规划不当很容易产生运输盲区时间段，而一旦产生盲区，则对整个工程进展产生全面的影响，为此施工升降机与正式电梯的交接与转换需综合全面考虑。

该工程项目因施工升降机占用了部分正式电梯的井道，故在垂直运输规划中进行了多方面的综合考虑，以满足了现场施工需求：

（1）施工升降机需占用井道时，低区施工升降机尽量占用正式低区区段电梯的井道；中区施工升降机尽量占用正式消防电梯的井道；而高区施工升降机则需避开正式电梯安装调试周期较长的和高区直达正式电梯的井道。这样可以减少遗留工作量的基础上逐步地拆除低、中区施工升降机并转换为正式电梯服务，高区施工升降机可在最后拆除，预留好拆除及正式电梯安装调试时间即可。

（2）低区施工升降机在低区装饰大宗材料运输完成，且低区正式电梯部分投入使用后即可拆除。

（3）中区施工升降机在中区装饰大宗材料运输完成，且中区正式电梯部分投入使用后即可拆除。

（4）高区施工升降机的拆除时间原则上宜选择在高区大宗装饰、机电材料运输完成后进行，但此阶段往往会对关键线路造成影响，因此，在此阶段规划时需综合考虑施工升降机拆除时间、遗留结构施工时间、正式电梯安装调试时间、整体装饰施工时间等因素，必要时需安排高区正式电梯的安装提前或加快，提前拆除高区施工升降机。

（5）用于替换施工升降机的正式电梯需能涵盖相应区段绝大部分的工作面，避免出现过多的盲层或多次的转运，转换后运输能力需有保证。

按照上述安排，正式电梯提前使用原则上只可运输人员及小宗材料，便于正式电梯的成品保护。在该工程项目施工过程中，施工升降机基本满足现场施工需要，在装饰、机电大面积展开施工时，施工升降机仍然比较紧张，需通过一系列措施提高施工升降机和正式电梯的功效，降低功效损耗，最大限度地挖掘其运输潜能。

2.2.4　混凝土输送泵的选型和配置

作为结构施工中最大宗的材料，混凝土材料具有量大、面广且具有非常强的时效约束，选择工作压力大，能将混凝土一次性泵送至各个工作面的混凝土输送泵是必然的。尤其是超大型项目的超高层建筑，混凝土材料需要承受比较大的设计荷载，且强度等级往往比较高，而混凝土强度越大，黏性越大，泵送性能就越差。混凝土输送泵在选择时除了足够的泵送压力以外，相应的泵机控制系统、监控系统、泵管系统及相关泵送技术是必须要考虑的。泵送时，各个方面需做好充足的准备，以免在泵送过程中出现异常而处理不及时或不得当造成重大损失。

为此，该项目与中联重科联合开发了理论工作压力可达 40 MPa 的 HBT90.40.572RS 混凝土输送泵，其理论泵送出口压力可达 40 MPa，同比国内超高层建筑施工泵送设备压力最高（上海环球、广州塔均选用"三一"重工 HBT90CH.35 混凝土输送泵，泵送出口压力为 35 MPa），配备高压液压泵站 4 台（1 台备用），从理论上保证了泵送施工的可行性，同时还配备了 GPS 全程跟踪系统，GPS 与办公系统连接随时可以了解输送泵的运转情况，防患于未然，出现问题可以随时解决。同时选用 ⌀ 120 超高压耐磨泵管及特殊抗爆管接头，现场配备了足够的配件及工程技术人员，对现场实施过程进行了全过程监控，保证了所有泵送工作的顺利完成。

混凝土泵送到作业面后分两个高度（顶模平台面、外框钢结构面）各布置 2 台 HGY-19 型液压遥控布料机。

2.3　工程案例 2——广州塔项目施工垂直运输体系的规划

2.3.1　工程概况

广州塔总用地面积约 17.6 万 m²，其中塔基用地面积约 8.5 万 m²，总建筑面积约 12.9 万 m²，结构总高 600 m。该工程主体结构内部采用钢筋混凝土核心筒，外部采用由斜钢管混凝土柱、钢环梁及钢斜撑构成的钢框架，其与中间混凝土核心筒通过楼面梁、水平支撑及桁架等形式进行连接。

现场共配置两台 M900D 塔吊及两台 SC200/200GS 双笼和两台 SC200GS 单笼高速无对重施工升降机。

2.3.2 塔吊选型及配置

1. 选型

单个构件吊重是塔式起重机选择的最根本因素，钢结构主要构件立柱钢管的截面直径为 1 200～2 000 mm，壁厚为 30～50 mm，最大分段重量约 40 t；部分楼层桁架重超过 80 t，综合分析国内外同类工程经验及市场行情后，确定选择 M900D 塔吊。

2. 起吊需要

塔式起重机的吊运能力直接决定了整个钢结构工程或者含钢结构工程的施工进度，而钢结构的吊次需求直接由结构的设计特点和根据塔式起重机最大吊重及吊装工艺特点而进行的构件分节决定。因此，在确定塔式起重机最大吊重能力后，需在尽可能减少现场吊运次数、降低现场焊接工作量的前提下，满足其他工序（如安全操作防护、混凝土浇筑等）的作业方便，进而确定塔式起重机配置的数量。

·在综合考虑上述因素后，该项目确定选择 2 台 M900D 塔吊。塔式起重机设置位置见图 2-9。

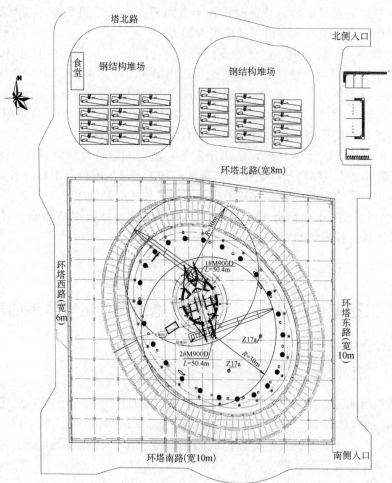

图 2-9　1♯、2♯塔式起重机平面布置图

2.3.3　施工升降机选型及配置

1. 施工升降机的机型配置

将四台施工升降机全部安装在核心筒内部的升降机井道内，考虑建筑物超高，施工升降机需要运行的距离也超长，故各配置两台 SC200/200GS 双笼和 SC200GS 单笼高速无对重施工升降机，见图 2-10，吊笼具体尺寸根据核心筒内实际尺寸配置，升降机无须对重，拆装方便，运行速度可达 96 m/min。

由于其安装在电梯井道内，其外形尺寸受到安装位置尺寸的限制，施工升降机自身尺寸只能够根据其安装位置的尺寸进行专门的设计，其通用性相对比较小，另外，升降机安装在核心筒内部，受到建筑物结构的限制，升降机的安装、使用、拆卸都有一定的困难，尤其在拆卸时，无法使用塔吊、汽车吊等起重设备，而升降机本身的重量又比较大，所以拆卸困难，必要时需要做成单片组装的形式。

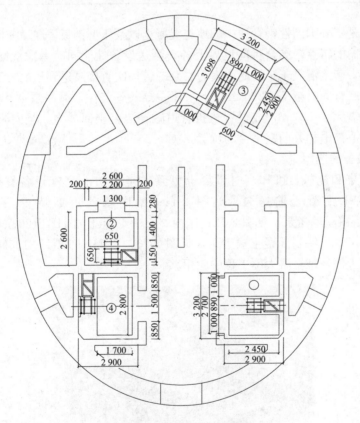

图 2-10　施工升降机布置图

2. 标准节选配

广州塔核心筒施工使用的施工升降机可以全部采用按标准配置标准节（650 mm×650 mm×1508 mm），但由于其安装高度超高，需要对标准节进行加固配置。即导轨架 0～70 m（47 节）采用壁厚 10 mm 的特制标准节；70～190 m（80 节）采用壁厚 8 mm 的标准节；190～310 m（80 节）采用壁厚为 6.3 mm 的标准节；310～450 m（93 节）

采用壁厚为 4.5 mm 的标准节。

2.3.4　超高混凝土泵送技术

1. 超高混凝土泵送概述

广州塔混凝土的施工主要分两个部位。第一部分是核心筒混凝土结构，其泵送最大总高度为 436.75 m，C70～C30 混凝土，5.2 m 高流水段混凝土用量，各标高段混凝土量见表 2-2。

表 2-2　各标高段 5.2 m 高混凝土用量表

核心筒标高/m	−10.00～7.20	7.20～27.6	27.60～84.8	84.80～110.8	110.80～162.8	162.80～220.0	220.00～272.0	272.00～334.0	334.00以上
每 5.2 m 高流水段混凝土用量/m³	368	347	328	311	292	250	257	233	204

第二部分是塔外围劲性钢管柱中的填充混凝土以及压型钢板楼层填充混凝土。

根据核心筒的特点，结合目前世界上各类泵送设备性能同时考虑混凝土施工过程中连续保证性，确定混凝土泵送的方案为二泵二管一次直接泵送到顶的方案。在 220 m 以下采用二泵二管同时施工；220 m 以上采用一泵一管浇注，另一泵一管为备用设备。水平泵管长度需大于 120 m，或设置弯折管道减轻混凝土回冲力。竖向泵管的布置位置，选择在核心筒电梯井前室平台的位置。

2. 泵送设备的选型

经资料收集和比较，可知当时世界上可泵送至 450 m 高度设备有德国 SCHU-WING-BP8800-E 混凝土输送泵，见图 2-11；德国普茨迈斯特 PUTANEISTER-BP2025-8GB 混凝土输送泵，见图 2-12；国内"三一"重工的 HBT120CH-2122D 以及 HBT90CH-2135D 型特制混凝土输送泵，见图 2-13，该 HBT90CH-2135D 型特制混凝土输送泵已在上海环球金融大厦工程中应用。

图 2-11　德国 SCHUWING-BP8800-E 混凝土输送泵

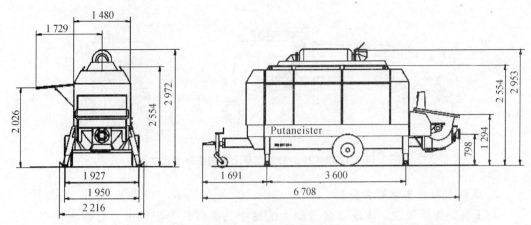

图 2-12　德国普茨迈斯特 PUTANEISTER-BP2025-8GB 混凝土输送泵

图 2-13　"三一"重工 HBT90CH-2135D 混凝土输送泵

综合比较后决定选定"三一"重工的产品作为该工程的泵送备选设备。表 2-3 为
HBT90CH-2135D 混凝土输送泵参数，外形见图 2-14。

表 2-3　HBT90CH-2135D 混凝土输送泵参数

技术参数	HBT90CH-2135D	
整机质量/kg	13 000	
外形尺寸/mm	7 450×2 480×2 950	
理论混凝土输送量/（m³/h）	87/53	
理论混凝土输送压力/MPa	19/35	
主油缸直径×行程/mm	∅180×2 100	
输送缸直径×行程/mm	∅180×2 100	
主油泵排量/（cm³/r）	260×2	
柴油机功率/kW	273×2	
上料高度/mm	1 420	
料斗容积/m³	0.7	
理论最大输送距离（125 mm 管）/m	水平 2 500	垂直 835

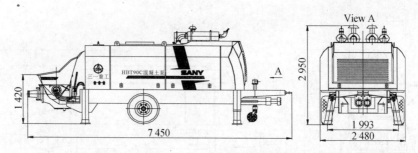

图 2-14　HBT90CH-2135D 混凝土输送泵外形尺寸图

3. 泵送混凝土参数综合分析

对于混凝土泵来说，体现其泵送能力的两个关键参数为出口压力与整机功率，出口压力是泵送高度的保证，而整机功率是输送量的保证。

实际混凝土泵送需要达到 465 m（459 m＋6 m）左右，为了有一定的能力储备，考虑 27 m 的余度，我们按照 492 m 泵送高度进行计算。泵送混凝土至 492 m 高度所需压力 P 包含三部分：混凝土在管道内流动的沿程压力损失 P_1、混凝土经过弯管及锥管的局部压力损失 P_2 以及混凝土在垂直高度方向因重力产生的压力 P_3。经过计算 P_1 为 6.3 MPa，P_2 为 1.2 MPa，P_3 为 12.5 MPa。

泵送 492 m 高所需压力总压力：$P＝P_1＋P_2＋P_3＝6.3＋1.2＋12.5＝20$ MPa。

按照一般工程实例确定的最大混凝土出口压力为 35 MPa。在一般的泵送施工经验中，混凝土泵的最大出口压力应比实际所需压力高 15%～20%，多出的压力储备用来应付混凝土变化引起的异常现象，避免堵管。而对于广州电视塔这样的高塔，其意外的因素更多，要求的可靠性更高，显然应该有更多的压力储备。因此，根据上面的计算结果，我们将泵的最大出口压力设计为 35 MPa，一方面有 45% 的压力储备；另一方面，在正常的工作状况下，液压系统工作压力不超过 25 MPa，工作的可靠性更高。

功率的不确定因素较少，而且设计的泵送量为 53 m³/h，按 80% 的容积效率计算，实际泵送量也在 40 m³/h 以上，因此功率无须再增加储备，不低于计算的较大值选取就可以满足要求，我们选两台 273 kW 的 DUETZ 柴油机，总功率为 546 kW。

4. HBT90C2135D 混凝土泵实际工作能力预测

HBT90C2135D 混凝土泵实际工作能力，泵送 200 m 高度时见表 2-4；最大泵送高度（按一般情况下留 20% 的压力储备）见表 2-5。

表 2-4　HBT90C2135D 泵泵送 200 m 的实际工作能力

泵送高度/m	200
主系统油压/MPa	16.3
混凝土出口压力/MPa	9.06（低压泵送状态）
混凝土理论泵送量/（m³/h）	87
容积效率/%	80
混凝土实际泵送量/（m³/h）	70

表 2-5　HBT90C2135D 泵最大泵送高度的实际工作能力

主系统油压/MPa	28
混凝土出口压力/MPa	28
泵送高度/m	35
混凝土理论泵送量/（m³/h）	48
容积效率/％	80
混凝土实际泵送量/（m³/h）	38

5. 混凝土的泵管输送设计

（1）混凝土管设计

超高层泵送中，输送管是一个非常重要的因素。考虑到该工程施工用的大都是 C60 高强度混凝土，黏性非常大，较低的混凝土流动速度有利于泵送，故采用内径为 125 mm 的输送管道。

为了确保一套管子打完整个工程，我们采用 45 号钢，管子内径 $\varnothing$125 mm，管壁厚 9 mm，调质后内表面高频淬火，硬度 HRC55～HRC60，寿命比普通 20 号钢管提高 2～3 倍。20 号钢管与 45 号钢管力学性能比对见表 2-6。

表 2-6　20 号钢管与 45 号钢管力学性能比对

材料 \ 性能	抗拉强度 δ_b/MPa	屈服强度 δ_s/MPa	硬度	备注
20 号钢管	390	245	HB156	
45 号钢管	700～850	500	HRC55～HRC60	寿命提高 2～3 倍

同时为了保证 35 MPa 高压水洗的密封性，我们采用 O 形密封圈的密封结构。采用活动法兰螺栓紧固结构连接，方便接管。混凝土管连接构造见图 2-15。

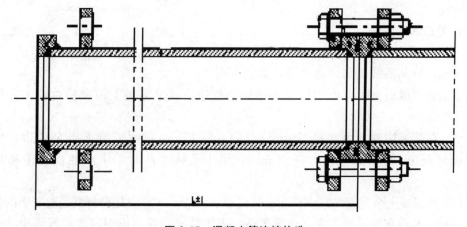

图 2-15　混凝土管连接构造

（2）混凝土管固定

混凝土管固定装置用于将输送管固定在水泥地板上、墙壁以及横向支撑桁架上，安装高度可根据施工实际情况确定，底板用 4 个 M20 mm×50 mm 的膨胀螺钉固定，见图 2-16。

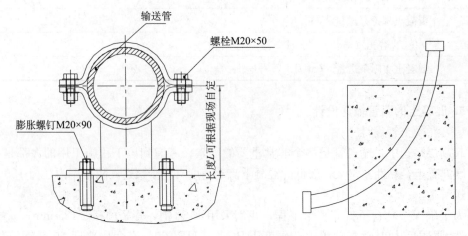

图 2-16　混凝土管道示意图

在地面水平管与垂直管路的弯管采用混凝土方式固定，见图 2-16，以承受垂直管道混凝土的压力，避免发生松动。

（3）插管（截止阀）

混凝土泵送施工中，有时需要对泵机进行保养或维修。为保证此时的保养或维修工作正常进行，在混凝土泵至垂直泵管之间的水平管段接入插管（截止阀），见图 2-17，用于阻止垂直泵管内混凝土回流，而插管（截止阀）由独立的液压系统控制，旨在混凝土泵出现问题时仍然有效。

6. 管道水洗方法

"三一"重工的泵车设备，直接用混凝土泵泵送水洗，使其能够做到泵送多高，水洗多高。

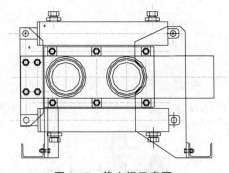

图 2-17　截止阀示意图

水洗输送管可以最大限度地利用管道中的混凝土，减少混凝土浪费和对施工环境的污染。

（1）在泵旁边建 2 个水箱（9 m³），接 2 根 DN50 的水管到 2 台泵旁边，作水洗的循环利用。制作 2 个斗（1～2 m³），用于承接水洗时不干净的混凝土和部分脏水。

（2）用混凝土泵先直接泵一料斗砂浆再泵水清洗，其原理几乎与泵送混凝土的原理完全一样。从而实现泵送多高，水洗多高。当浇筑层的管头出现过渡层混凝土（与正常混凝土不一样）时，用斗承接过渡层的混凝土，至出水。然后反抽，首先残留石子在自重作用下，沉入管路底层，反抽形成真空，在高层水柱压力作用下，将残留石子吸压回料斗，如此完成整个管路清洗，见图 2-18。

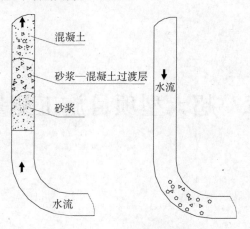

图 2-18　管路清洗示意图

第 3 章　超大型项目施工测量技术

3.1　超大型项目施工测量难点

在超大型项目尤其是超高层建筑结构施工中，建筑高度增加，受制于测量仪器的测量精度要求，测量传递次数增加，若仅采用传统的层层传递的测量控制方法会出现累计误差严重超限的问题，另外因为超高，建造过程中建筑物自身摆动，以及风载、温度等对结构变形影响均会加大，相当于是利用一套误差逐渐变大的主控点控制一个时刻变化的结构，那整个工程的测量控制将是一个非常混乱失控的状态，故在超高层结构施工过程中必须针对上述问题进行综合考虑和分析，有效地避免上述问题的影响。

3.1.1　技术难度大

（1）超大型项目尤其是超高层建筑结构超高，平面控制网和高程垂直传递距离长，测站转换多，测量累计误差大。

（2）超大型项目尤其是超高层建筑高度大，侧向刚度小，特别是体形奇特时，施工过程中受环境影响极为显著，空间位置不断变化，保证高空测量控制网的稳定难度大。

（3）超大型项目施工测量通视困难，高空作业多，作业条件差，高空架设仪器和接收装置困难，常需设计特殊装置以满足观测条件。

3.1.2　精度要求高

超大型项目尤其是超高层建筑的结构超高，结构受力受施工测量精度影响比较大，过大的施工测量误差不但会影响建筑功能正常发挥，如长距离高速电梯的正常运行，而且会恶化超大型项目结构受力，因此必须严格控制施工测量误差。

为加快施工速度，超大型项目多采用阶梯状流水施工流程，大量采用工厂预制、现场装配的施工工艺，如钢结构工程、幕墙工程，工业化生产对施工测量精度要求高。

国家规范对超大型项目施工测量精度要求较一般建筑工程高。建筑高度（H）越大，施工测量精度要求越高。《高层建筑混凝土结构技术规程》（JGJ3—2010）的要求：30 m＜H≤60 m 时，轴线竖向投测允许偏差≤±10 mm；60 m＜H≤90 m 时，轴线竖向投测允许偏差≤±15 mm；90 m＜H≤120 m 时，轴线竖向投测允许偏差≤±20 mm；120 m＜H≤150 m 时，轴线竖向投测允许偏差≤±25 mm；H＞150 mm，轴线竖向投测允许偏差≤±30 mm。

3.1.3　影响因素多

超大型项目施工测量精度除受测量仪器精度和测量技术人员素质影响外，还受建筑设计、施工工艺和施工环境影响。超大型项目造型、基础和侧向刚度等设计对施工测量精度影响显著。建筑高度越高、造型越复杂，施工过程中超大型项目变形越显著。基础刚度越小，施工过程中超大型项目沉降越大，差异沉降越显著。建筑侧向刚度越小，施工过程中超大型项目受施工环境和施工荷载影响越大。超大型项目在施工过程中的空间位置受施工工艺和施工环境影响也非常显著。施工环境中风和日照作用下超大型项目的变形众所周知。

3.2　施工测量的作用与任务

3.2.1　超大型项目施工测量的作用

（1）施工测量是联系设计与施工的桥梁，是设计蓝图转化为现实的必经环节。

（2）施工测量是超大型项目各分部分项工程施工的先导性工作，只有测量定位工作完成以后，各分部分项工程施工才能大规模展开。

（3）施工测量贯穿于超大型项目施工的全过程，是衔接各分部分项工程之间空间关系的重要手段。

（4）施工测量是超大型项目健康状况监测的重要手段之一，施工过程中和运营期间进行的变形监测可以比较全面地反映超大型项目的设计和施工质量。

3.2.2　超大型项目施工测量的任务

（1）建立施工测量平面和高程控制网，为施工放样提供依据。

（2）随超大型项目施工高度不断增加，逐步将施工测量平面控制网和高程控制网引测至作业面。

（3）根据施工测量控制网，进行超大型项目主要轴线定位，并按几何关系测设超大型项目的次要轴线和各细部位置。

（4）开展竣工测量，为超大型项目工程竣工验收和维修扩建提供资料。

（5）在超大型项目施工和运营期间，定期进行变形观测，以了解其变形规律，确保工程施工和运营安全。

在超大型项目尤其是超高层建筑的施工测量所有任务中，最重要的是将平面控制网正确地向上传递至高空作业面，确保超大型项目的垂直度。

3.3 工程案例 1——广州国际金融中心项目施工测量技术

3.3.1 主控点传递及控制方法

1. 主控网的选择

针对广州国际金融中心项目特点，主塔楼主控网在选择时主要考虑以下几个方面：

（1）各个主控制点必须能够闭合，以便于在传递之后能够互相校核，保证控制网传递精确，避免个别点传递误差造成整体控制误差。

（2）由于该项目施工过程分混凝土核心筒和外框钢结构两大部分独立组织施工，而最终两大部分的测量定位必须统一，因此控制点在选择布置时需考虑能同时满足两大部分的测量工作需求。

（3）测控点能够非常便利地传递至各个工作面以进行细部构件测量放线工作（如顶模平台上），因楼层较多，测量工作量比较大，在传递时若传递通道不通畅，将会给测量工作增加非常大的负担，进而对整体工期控制也会造成影响。

（4）测量传递通道不宜影响钢梁的安装、测量控制点位不宜影响后续管道、线路、墙体砌筑等施工，避免遗留太多的后补施工工作。

2. 主控网传递控制方法

（1）以测量仪器的精度限制设置测量控制中转。

（2）选用高精度的测量仪器。

（3）平面控制网的竖向引测采用激光铅直仪进行，外控引测点设置在顶部核心筒作业面下部的测量悬挑钢平台上和下部已经施工完的外框楼板上，内控引测点设置在核心筒内楼板测量孔处，见图 3-1。

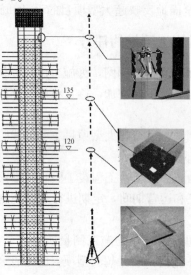

图 3-1　平面网控制点向上传递示意图

（4）利用全站仪进行高程控制网的传递。

（5）设置单独的平面复核控制网，在核心筒内楼板设置独立的平面控制网，见图 3-2，并独立传递，逐层跟进复核主控网的测量控制效果。

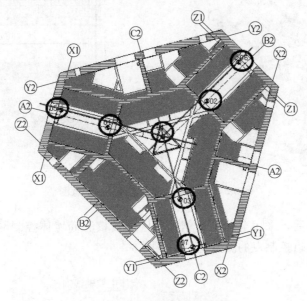

图 3-2　核心筒楼层平面控制网

（6）将测量控制点向外围扩充加密，在周边已有建筑物制高点设置大控制网，主要在周边海关大楼、珠江投资大厦和利雅湾商住楼三个点（均为强制对中点）。其作用有两个，一可以作为主塔楼主控轴线（点）后方交会检测方向点；二可以作为 GPS 检测时坐标起算点。

（7）每次控制网中转传递一次均采用 GPS 对新控制点进行复核。

（8）测量主控每 54 m 高度设置中转，所有测量均从最顶部一个中转站向上引测，层间吊线仅做测量作业复核用，避免层间累计误差，同时避免全部从底部引测造成建筑高度较大时摆动引起的测量偏差。

（9）所有测量引测均在每天的同一时间段进行，避免因温度偏差引起的结构变形而造成测量偏差。

3.3.2　核心筒测量控制

由于该项目采用的顶模系统设计有一个刚度很大的钢平台，覆盖了整个核心筒区域，经过对钢平台的监测，其晃动基本为零，可作为楼层测量中转。采用激光铅直仪，利用外控任意三个点，引测至顶模钢平台上，每三层需全引一次六个点闭合校核，见图 3-3。

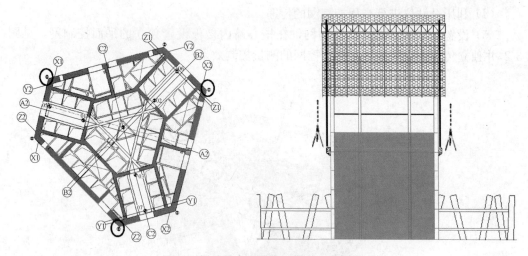

图 3-3　外控点投递至顶模平台示意图

三点闭合无误后，采用全站仪在钢平台上测设核心筒墙体控制网，利用手持激光铅直仪进行模板上口控制点的测量定位，见图 3-4。

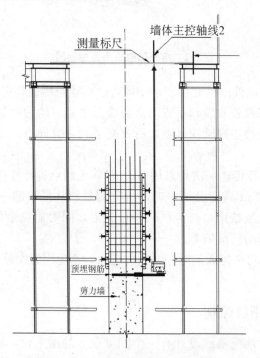

图 3-4　钢模板上口控制点控制示意图

利用外六角点及内控 1♯、2♯、3♯点从测量控制中转楼层向上投射，利用激光接受靶放置在模板上口检查模板定位偏差，见图 3-5。

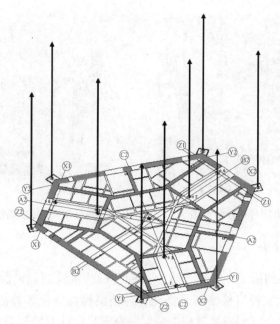

图 3-5　模板定位偏差检查示意图

3.3.3　空间钢结构测量控制

外框钢结构测量主要采用六个外控测量控制点进行，见图 3-6～图 3-8。

图 3-6　外框钢结构测量示意图

图 3-7 外控六点闭合检查示意图

图 3-8 全站仪测量控制精确定位

3.3.4 实施效果

通过采用上述系列措施，并结合施工过程进行的沉降观测、24 h 连续监控塔楼变形及摆动、48 h 连续监控塔楼变形及摆动、各楼层标高变化等监测措施，以及辅助虚拟仿真分析结果，整个结构施工过程中精度完全满足设计及规范要求。

3.4 工程案例 2——广州塔项目施工测量技术

3.4.1 概述

1. 施工测量特点

施工测量既是各施工阶段的先行引导性工作，又是质量过程控制的重要环节之一。而广州塔建筑特点给施工测量提出非常高的要求：

（1）外部钢框筒钢管柱呈三维空间倾斜，除必须进行三维空间点定位外，尚需考虑构件转动影响。

（2）广州塔位于珠江岸畔，塔体结构纤细，故施工过程中受风荷载影响大，结构容易产生晃动。

（3）结构高度达 454 m，结构顶部的测量传递累积误差控制要求高。

（4）楼层结构不规则，测量通视条件差。

2. 施工测量难点

综合上述施工测量特点，在实际测量工作中产生了如下一系列的难点：

（1）如何保证垂直测量的系统性和可控性。

（2）各单体独立施工，如何保证各轴线系统的统一性。

（3）结构施工时间跨度将近 4 年，如何保证结构整体的统一。

（4）项目施工涉及的作业面大，各种分包单位、协作单位众多，如何保证互相之间轴线系统的统一。

（5）各分包测量系统差异统一协调的管理、钢结构与混凝土两种不同材料体系所引起的不同压缩变形差异的协调、风荷载以及日照温差引起的结构变形的控制。

针对该工程异形超高层建筑的特点，将采取先进的技术方案和高效的管理措施来克服一系列的难题。在施工中，将配置先进、精密的测量仪器及相应的数据处理软件，借鉴国内外最新测量控制科研成果，结合施工中建筑物的变形监测信息，采用科学合理的测量技术与方法，确定最佳的测量时间段。通过对建筑物的空间几何解析，建立空间点位的数据库，从外业的数据采集、放样，到内业的数据处理、成果分析，实现测量的智能化、数字化和程序化。

同时，在该工程的施工中，充分发挥先进测量技术在异形超高层建筑施工中的作用，使得在整个施工过程中，建筑物的空间位置均在受控范围内，确保空间定位及时准确，精度合理，满足施工质量和进度的要求，见图 3-9。

图 3-9　施工测量示意图

3.4.2　平面测量控制网布置

施工平面测量控制网是各施工单位局部、单体施工各环节轴线放样的依据。因此，务求达到可靠、稳定、使用方便的标准。控制网除应考虑满足工程施工精度要求外，还必须有足够的密度和使用方便的特点。且应由测量人员对施工场地及控制点进行实地踏勘，结合工程平面布置图，创建施工测量平面控制网，要求达到通视条件好、网点稳固状况、攀登方便等各种要求。各级控制网的创建，必须对各控制点之间，以及各级控制网之间进行闭合校验和平差，保证各点位于同一系统。每次使用前，必须对控制网校核。随着施工的进度，按重要性原则定期对其复测，以求得控制网稳固不变和防止地面变形、沉降或其他因素导致的控制点移位，并加强对各点的保护。其他各级控制网如遭遇破坏，由上级平面控制网来恢复。平级网之间互相贯通，形成系统。

结合该工程的特点，按测量控制网级别的高低及具体在该工程不同部位的应用，该工程测量平面控制网共设置三级控制网。

1. 首级 GPS 平面控制网

鉴于广州塔项目的施工对测量精度的超高标准要求，故采用 GPS 卫星定位技术并辅助于高精度全站仪进行复核而建立首级平面控制网，满足规范及图纸设计对核心筒钢混结构施工放样和外框钢结构节点安装定位的需要。

首级控制网设置在距离施工现场较远的稳定可靠地点，其担当全局性控制的作用，是其他各级控制网建立和复核的唯一依据。在整个工程为时近 4 年的时间跨度内，必须保证这个控制网绝对不变，绝对避免前后期测量系统的不一致。为此，由 5 个外控点组成首级测量平面控制网，采用 GPS 静态技术观测，并辅助于高精度全站仪进行复核。

（1）平面控制点的选取与建造

外控点选择较稳定的地面或楼龄在 5 年以上并且楼高在 50 m 以下的顶面布设观测墩或观测站。同时，能得到长期有效保护、便于观测和施工作业；点位附近视野开阔，高度角 15°以上无障碍物；点位应远离无线电发射站、高压电线等其他干扰源。根据以上原则，在珠江对岸设置两个点；在珠江帝景、赤岗塔和新鸿花园分别设置一点，见图 3-10。外控点距电视塔主体建筑施工区域均在 0.4～1.0 km 的范围内，内控点在核心筒施工范围内。

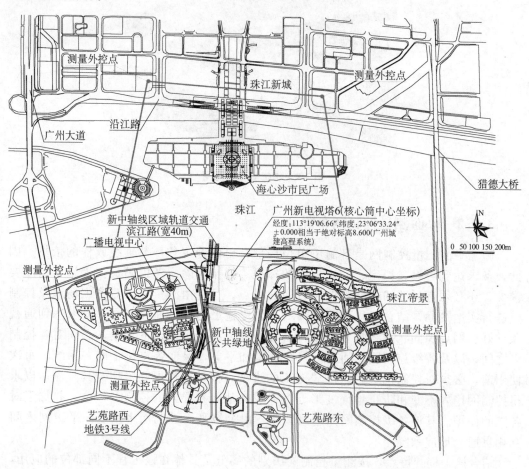

图 3-10　首级测量平面控制点布置图

首级 GPS 点布设 5 个点。控制点要建造观测墩，墩顶面安装强制对中装置，观测墩进行基础处理以增加观测墩的稳定性，地面观测墩下设置直径 500 mm、长 8～12 m 的混凝土桩，上面浇注混凝土观测墩。为了提高平面控制的精度，减少对中误差，方便施工放样，墩面埋设强制对中基盘，与仪器基座用中心螺丝连接。考虑墩标的稳定性，尽量建立较低的观测墩。观测墩高度初步设计为 1.5～3 m。同时，为便于测量机器人（精密全站仪）的检测和应用，点与点之间应尽可能通视。

（2）平面控制网的观测

为保证获得精确的 WGS-84 地心坐标和广州市坐标，观测时联测国际 IGS 站（SHAO）和广州市 GPS 首级控制点。所有观测的仪器经过严格的检验校准，提供法定有效的鉴定证书。

（3）平面控制网的数据处理和平差计算

在进行 GPS 平面控制网的数据处理之前，要做好观测数据的整理工作，在此基础上，首先采用随机商用软件进行 GPS 基线向量的解算，在 GPS 基线向量解算合格的条件下，对 GPS 外业观测成果进行检核，再确定 GPS 平面控制网的平差基准，在 WGS-84 坐标系下平差时，固定国际 IGS 站（SHAO）；在广州市坐标系下平差时，固定广州市 GPS 首级控制点。然后，采用平差软件即可进行 GPS 平面控制网的平差计算，获取 GPS 平面控制点的坐标，再通过软件计算将其转换为与设计图纸一致的施工坐标（广州坐标）。

（4）平面控制网的检核

在 5 个平面控制点上，用测量机器人（精密全站仪）应用边角测量的方法，测定 5 个平面控制点的相互关系，经软件平差计算后，在统一坐标系下与 GPS 测量结果进行比较，当两者相差较大时，应找出原因，当两者相差满足限差要求时，认为测量成果合格。

2. 二级平面控制网

二级控制网用于为受破坏可能性较大的下一级控制网的恢复提供基准。同时，也可直接引用该级控制网中的控制点，测量重要的或关键的测量工序，其建立以首级控制网为依据。二级控制网宜设置在环绕工程现场道路稳定的一侧处，且需考虑使用方便。该工程二级网为三等闭合导线网，见图 3-11，布点需由测量人员经过现场踏勘，外业测量结束后对数据进行严密平差。

3. 三级控制网

三级控制网布置在基础底板上，按一级方格网标准测设，主要用于地下结构施工阶段的测量，具有短期使用性质。该控制网的使用需随时根据施工阶段的沉降、变形情况进行调整。由于该工程的工况变化很大，且三级控制网布置于现场内部，容易遭到施工破坏，故在实际测量过程中，除需要在上述情况下进行实时调整外，还需要根据施工情况进行布网位置的调整，布网依据为上级控制网。在 ±0.000 层将竖向控制点与二级控制网进行联测，以核心筒体为载体垂直向上传递，层层闭合。三级控制网是该工程施工阶段的主要测量控制网，见图 3-12。

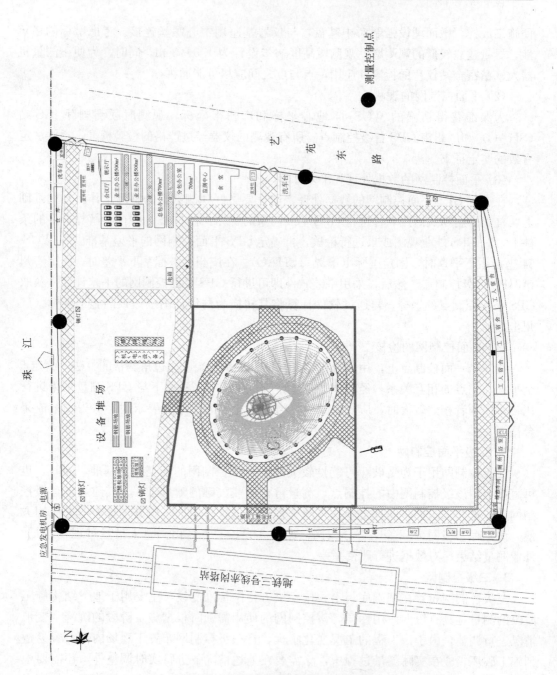

图 3-11　二级测量平面控制点布置图

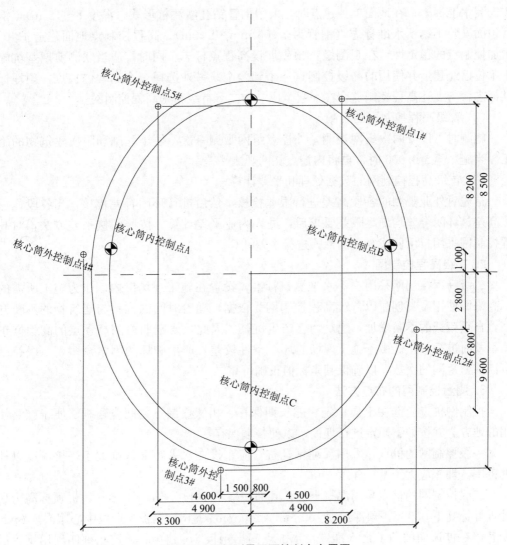

图 3-12　三级测量平面控制点布置图

3.4.3　高程测量控制网布置

1. 首级高程控制网

首级高程控制网的创建以业主下发或城市测绘部门单位提交的城市高程控制点为依据。创建过程中需考虑除了下发或提交的城市高程控制点外，还要增加冗余高程控制点，以增强高程系统的安全性。为保证高程系统的稳定性，点位应设置在不受施工环境影响，且不易遭破坏的地方。考虑季节变化、环境影响以及其他不可知因素，定期对高程控制点进行复测。首级高程控制点的建立使用精密水准仪，并采用二等水准测量的方法建立。具体设置如下：

（1）首级高程控制点点位的选取与建造

选择 3 个高程控制点，其中新鸿花园和赤岗塔与上述 GPS 平面控制点重合，另在珠江帝景附近地面单独布设一点。高程控制点与 GPS 平面控制点重合时，在观测墩柱体安装水准标志；在地面单独建点时，采用钢管钻孔灌注桩形式（深度 8～15 m），钢管顶面安装不锈钢水准标志（钢管为 $\varnothing$108 mm×5 mm）。高程控制点地面建造护井，增加控制点的稳定性，在观测墩上预先埋设高程点标志。同时，适当联测前期基坑施工单位已经建造并使用的高级控制点一个到两个；另外选择 2 个高程内控点，预埋标准标志，与上述高程控制点合在一起组成一个二等首级精密高程控制网。

（2）首级高程控制网的观测

施测时可以分两次组网观测，外控点组网观测一次，便于基础和附属建筑物的施工。当施工至±0.000 时，再将内控点联网观测平差。

（3）首级高程控制网的数据处理和平差计算

首先对外业观测的各段高差进行限差检核，然后进行环闭合差检核，当各段往返测高差、环闭合差均满足限差要求后，进入内业平差计算。按照间接平差方法，对高程控制网采用自由网或复合网形式进行平差计算。

2. 二级高程控制网

二级高程控制网采用三等水准测量标准，设置在施工现场以内，作为施工所需的标高来源使用。其创建以首级高程控制网为依据。随着时间的推移与建筑物的不断升高，自重荷载的不断增加，建筑物会产生沉降。因此，要定期检测高程点的高程修正值，及时进行修正。由于施工现场的环境条件较差，产生破坏的因素众多，二级控制点需加密复测的次数，以确保其坐标值正确可靠。

3. 测量控制网的布点方法

控制网桩点应选在土质稳定、能长期保存、相邻控制点之间应通视、便于施测使用的地方。并按如下规定进行埋设，以便长期保存：

一级控制网的桩点，采用深埋钻孔桩，应布设在水平距离基坑大于基坑深度以外的范围，埋深应大于基坑深度 4 m。

二级控制网的桩点采用混凝土桩，底部规格不小于 0.6 m×0.6 m，桩顶标高为场地设计标高下 0.3 m，顶部预埋 100 mm×100 mm×6 mm 钢板，点位中心镶嵌 $\varnothing$1 mm 铜芯，在桩顶面的角上设水准点，水准点高出钢板 5～10 mm，控制桩四周用钢管做 1 500 mm×1 500 mm 的防护栏和醒目的标记，确保桩点不被压盖、碾轧、扰动。

3.4.4　核心筒控制测量

广州塔核心筒高度 448.8 m，外壁厚度不断变化，工况中横向结构滞后施工，同时还要控制结构的竖向变形，因而给测量定位带来一定难度。

1. 楼层平面控制轴线测量

（1）在核心筒的内墙壁标定位置固定布置强制对中平台，在整体提升钢模的向上投影相应位置固定布置控制点接收平台。

（2）将全站仪在核心筒的单体控制点上设站，测定强制平台的中心坐标。

（3）将天顶仪在强制平台上设站，将强制平台中心的平面位置垂直向上投影至控制点接收平台。

（4）重复以上步骤，使所有强制平台的控制点垂直向上投影至控制点接收平台。

（5）将全站仪在接收平台上设站，使全站仪配套棱镜在其他接收平台上设站，复核各点的传递精度及可靠性，无误后进入下一步操作。

（6）使用全站仪放样出施工轴线，经监理检验后投入施工使用。

2. 楼层高程控制测量

（1）将全站仪在强制平台上设站，通过调整将镜筒视线调整至垂直向上。

（2）使用测距功能将地面的标高引至接收平台。

（3）使用水准仪将接收平台的标高传递至施工所需位置。经监理复核通过后投入施工使用。

3. 楼层控制网的迁移

高层建筑测量所采用的天顶法要求随结构的上升将±0.000面的基准控制网向上迁移，而通过在上海金茂大厦、上海世茂国际广场等超高层建筑中的测量实践表明，建筑物在建造过程中其顶端将产生持续的、缓慢的结构竖向变形，其变形幅度随高度的上升而加剧。因此高度250 m以上的建筑测量定位时，由于建筑物的结构竖向变形等原因，将导致天顶法测量产生误差。所以，自结构250 m开始，每上升一定高度就必须进行一次基准控制网的检查和纠正。而使用GPS系统所产生的测量结果满足独立性和稳定性要求，适合进行独立、无累积误差、不受干扰的测量。

由于结构一直上升，而仪器的分辨能力有限等原因，楼层控制网不得不向上迁移。迁移的过程必将造成精度损失，因而该工程设置3次楼层控制网迁移，具体设置如下：

（1）全站仪在±0.000面的单体控制点上设站，将地面上的控制点转换到各强制平台上。使各强制平台组成核心筒控制副网。所指的迁移主要是迁移该控制副网。

（2）控制网迁移（转换）层布置在核心筒施工至100 m、200 m和300 m时进行。迁移前对主楼控制网进行复核，消除结构变形等原因造成的控制点移位。

（3）控制网迁移应谨慎操作，迁移结束严格复测，确保无误。

3.4.5　实施效果

通过采用上述系列措施，并结合施工过程进行的沉降观测、各分包测量系统差异统一协调的管理、钢结构与混凝土两种不同材料体系所引起的不同压缩变形差异的协调、风荷载以及日照温差引起的结构变形的控制及辅助虚拟仿真分析结果，整个结构施工过程中精度完全满足设计及规范要求。

第4章 超大型项目基础工程施工技术

4.1 超大型项目基础施工特点

超大型项目尤其是超高层建筑形高、体重，基础工程不但要承受很大的垂直荷载，还要承受强大的水平荷载（风荷载和地震）作用下的倾覆力矩及剪力。为此，超高层建筑对地基和基础要求比较高，一方面要求基础承载力较大、沉降量较小；另一方面要求基础稳定、刚度大而变形小。既要防止基础倾覆和滑移，又要尽量避免由地基不均匀沉降引起建筑物的倾斜。

万丈高楼平地起，世上从来就没有空中楼阁，超高层建筑总是与深基础工程紧密联系在一起。在超高层建筑基础工程中，桩基础占有相当重要的地位，桩基不但是荷载传递非常重要的环节，而且又是设计和施工难度比较大的基础部位。

由于超高层建筑结构超高，承受巨大的侧向荷载作用，故超高层建筑基础起到提高建筑物稳定性的作用，基础埋深需要比较大。设计在确定超高层建筑基础埋置深度时，还要考虑建筑物的高度、体形、地基土质、抗震设防烈度等因素，并应满足抗倾覆和抗滑移的要求。《高层建筑箱形与筏形基础技术规程》（JGJ6—2011）对基础埋深有相应规定：①应满足地基承载力、变形和稳定性要求；②在抗震设防区，除岩石地基外，天然地基上的箱形和筏形基础其埋置深度不宜小于建筑物高度的 1/15；③当桩与箱基底板或筏基底板连接的构造符合规范有关规定时，桩—箱或桩—筏基础的埋置深度（不计桩长）不宜小于建筑物高度的 1/18。

综合上述分析，在超大型项目尤其是超高层建筑施工中，基础工程施工已成为影响建筑施工总工期和总造价的重要因素，特别是在软土地基地区，通常基础工程造价占土建工程总造价的 25%～40%，施工工期约占总工期的 1/3。同时，深基坑工程是为深基础工程施工服务的，深基础工程的风险大，而深基坑稳定和施工中环境保护的难度也大。

4.2 工程案例 1——广州塔项目基础施工技术

4.2.1 临江边大直径桩施工技术

1. 大直径混凝土灌注桩概述

广州塔项目外框筒采用 24 条钢管混凝土柱，24 条钢管柱分别支承在 24 条 ∅3.8 m 人工挖孔桩基础上，见图 4-1，设计桩长为 16～24.5 m 不等，桩扩大头直径为 5 m。由于桩直径较大且有扩大头，在工艺上只能采用人工挖孔桩施工。桩端持力岩层为中、微风化岩层。

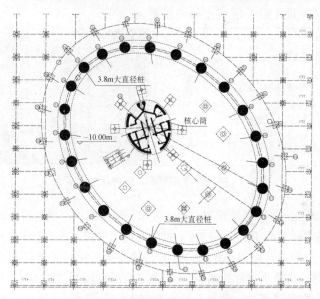

图 4-1 大直径混凝土灌注桩平面图

∅3.8 m 桩开挖施工前，共布置了 54 个钻孔，每根桩钻 2～3 个钻孔进行勘探。根据钻孔柱状图报告显示，桩岩芯较破碎、裂隙较发育的地层分别在 8.9 m、14 m、23 m、24 m 位置，破碎带、裂隙层厚平均达到 2.7 m。根据地质资料反映，地下岩层裂隙发育，有较多的破碎带，而且该裂隙跟珠江水连通，属于承压水。虽然地下连续墙阻挡了地表水渗入基坑，但桩开挖后仍有大量的岩层裂隙水涌出。而且随着相邻区域（A区）桩施工的逐步完成，岩层裂隙水将集中到最后的这 24 根大直径桩内，对桩混凝土的浇筑造成极大影响。实际施工时，最后几根 ∅3.8 m 桩的底部也大量涌水，涌水量达到 18.5 m³/h。施工过程中可以在确保安全的前提下通过设置钢筋混凝土护壁及其他排、堵涌水措施，以便成孔，但随着桩的深度加大，涌水量也越来越大。因此如何进行治理裂隙水成了这 24 根大直径桩施工成功的关键因素。

2. 治理裂隙水施工技术

结合现场地质条件及实际的涌水情况，桩基础施工采用"同步施工，先排堵，后引流"的施工技术。

（1）A区桩基础与24根3.8 m直径桩同步进行施工，A区桩施工进度略快过24根大直径桩。由于A区桩井覆盖面积大，通过及时排水可有效降低地下水位，减少大直径桩内的涌水量，保证大直径桩的正常施工；同时大直径桩施工时，通过采用钢筋混凝土护壁，进一步加强防水性能。

（2）A区人工挖孔桩桩径为1 200～2 200 mm，通过采用水下混凝土浇筑的方法进行浇筑。

（3）采用"桩外降水、桩内止水"的方案，沿桩周边施工降水井，采用抽水泵将地下水进行抽排，减少地下水对桩的压力。在一边排水减压，一边将部分确认为漏水的破碎带位置进行凿除，采用速凝水泥在涌水位置预埋灌浆管，见图4-2，待钢筋绑扎前进行化学灌浆封堵。该方案实施后，桩内涌水得到有效控制，并为桩芯混凝土的浇筑提供了良好环境，保证了桩芯混凝土的浇筑质量。

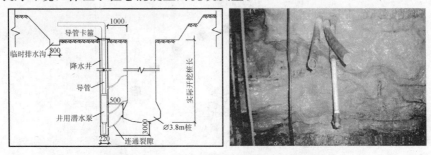

图4-2　桩外降水布置图，桩内止水大样图

（4）到最后几根∅3.8 m桩浇筑时，由于周边环境的变化，令周边区域地下水压力集中在这些桩内，使涌水量及承压水压力增大。桩的底部也出现大量的涌水，并且涌水点更为分散，岩层更为疏松，难以实施桩内止水。针对这种情况，我们又制定了"桩内降水、涌水引排"的施工方案，将降水井钻进桩扩大头内，采用直径为220 mm、长1 800 mm的镀锌钢管将在扩大头内的降水井上端及下端连接起来，见图4-3，并采用速凝水泥将上下端头封堵，以防地下水外漏。最后，将降水井形成封闭状态，形成了桩内降水井。

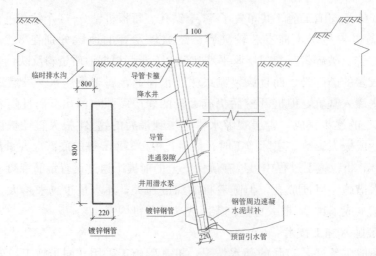

图4-3　桩内降水井处理剖面图

（5）护壁、扩大头涌水引排施工：将护壁及扩大头涌水点附近的破碎带凿除完毕后，采用速凝水泥进行封堵预留引水管，并与钢管预埋的接驳管进行接驳，使护壁及扩大头的地下水直接引流到降水井内，见图4-4。

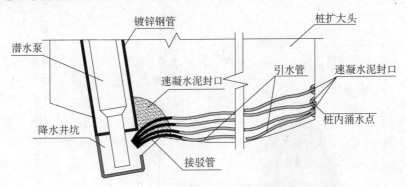

图 4-4　扩大头涌水引排处理剖面图

（6）桩底部涌水引排施工：利用地下水属于承压型裂隙水且有一定水压力的特点，在处理桩底部涌水时，水量较大的涌水点先不予封堵，对分散的涌水量少的点逐一封堵。此时未封堵的涌水点涌水量及水压力随之增大，我们凿除该部分水点周边的破碎岩层，对该部分的岩层作换性处理。在封堵速凝水泥前预埋金属导流管，再采用引水管将接驳管与导流管连通，顺利将桩底部地下水引流到降水井内，在不增加地下水对护壁的压力情况下，又可以降低地下水，降水效果稳定。为后续施工提供更多的施工时间，成功解决桩底涌水问题，见图4-5。

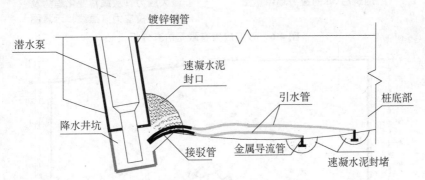

图 4-5　桩底部涌水引排处理剖面图

4.2.2　大体积筏板混凝土无缝施工技术

1. 大体积筏板概况

广州塔筏板基础板面相对标高为−10.00 m，几何形状呈椭圆形，长轴为97 m，短轴为77 m，板厚度1 500 mm。24 根直径 2 m 钢管柱的基础环梁截面尺寸 $b \times h = 4\ 500\ \text{mm} \times 4\ 350\ \text{mm}$，沿椭圆形筏板周边布置。环梁长 236 m，筏板和环梁相连，混凝土的设计强度等级 C40，抗渗等级 P8，混凝土浇筑量为 9 445 m³。浇筑时间为广州的秋季 10 月份。

施工中采取整体一次性浇筑，通过对温度应力进行有限元仿真分析，见图4-6，控制混凝土的入模温度和混凝土内外温差可以有效控制有害裂缝的出现，同时弥补了上述分仓浇筑的不足。一次连续浇筑混凝土的区域范围（C区），见图4-7。

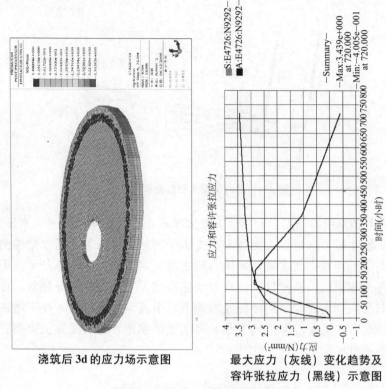

浇筑后3d的应力场示意图　　　　最大应力（灰线）变化趋势及
　　　　　　　　　　　　　　　　容许张拉应力（黑线）示意图

图4-6　温度应力有限元仿真分析

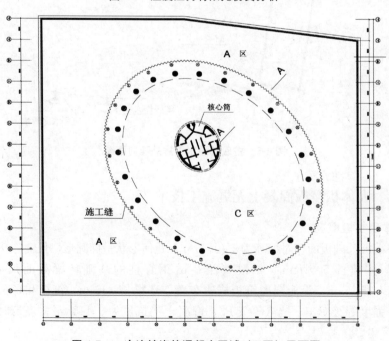

图4-7　一次连续浇筑混凝土区域（C区）平面图

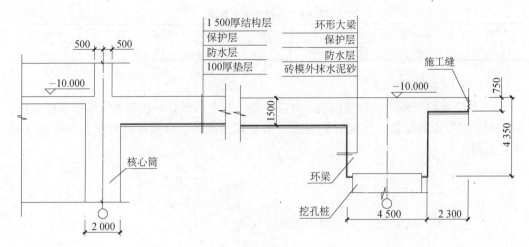

A—A 剖面图

2. 施工部署

基础采用泵送混凝土施工,在基坑周边同时布置 10 台混凝土泵,准备 2 台备用泵。其中 6 台为 SY5120HBC90 型车载式混凝土泵,布置在基坑北面;4 台为车载式带 37 m 长布料杆混凝土泵,先布置在基坑南面,然后随浇筑进度分别停放于基坑东、西两面。浇筑时从东南角开始,沿长轴方向浇筑至西北角。6 台 SY5120HBC90 型车载式混凝土泵主要负责筏板混凝土的浇筑,其中 3 号泵车还负责核心筒体−10.00 m 楼板混凝土的浇筑。4 台车载式带 37 m 长布料杆混凝土泵主要负责环梁的混凝土浇筑。现场交通管理组负责混凝土车的指挥和调度,避免拥挤堵塞造成混凝土供应不连续。

3. 裂缝控制措施

(1) 设计方面的措施

1) 为保证筏板及环梁有足够的刚度和抗裂性能,采用 $\varnothing 32$ mm、$\varnothing 28$ mm 及 $\varnothing 25$ mm 三种大直径螺纹钢筋双向布置,环梁内设置了 $\varnothing 8@200$ 的抗裂拉筋。

2) 为尽量减少混凝土干缩裂缝,混凝土添加微膨胀剂。

3) 筏板底采用 PVC 塑料防水板,间接起到了滑动层的作用,减小了地基的水平阻力对底板的约束作用。

(2) 材料和混凝土配合比设计

1) 水泥采用 42.5R 低水化热水泥。

2) 砂采用广东西江产的河砂,细度模量 2.6,含泥量 0.3%。石采用破碎花岗石,规格 5～31.5 mm,压碎指数 7.6%。

3) 掺合料选用 Ⅱ 级粉煤灰和 S95 磨细矿粉,烧失量低,性能稳定,可以有效改善混凝土的和易性,减少水泥用量,降低水化热。

4) 外加剂选用 FDN-2 高效减水剂和 HE-O 微膨胀剂。

5) 混凝土拌制时添加冰水,保证混凝土到场时的入模温度为 30℃±2℃。

6) 混凝土坍落度 120 mm±20 mm,初凝时间 8～10 h。

7) 含砂率控制在 40%～45% 范围内,混凝土配合比见表 4-1。

表 4-1　混凝土配合比表

材料	42.5R 水泥	水	砂	石	粉煤灰	矿渣	减水剂	膨胀剂
kg/m³	243	180	757	1 000	115	75	5.5	36

（3）施工技术措施

1）各浇筑段均采用"分层浇筑、分层振捣、一个斜面、一次到顶"的推移浇筑法，既有利于混凝土的振捣，又能够使混凝土的暴露面减少，分层厚度控制在 500 mm 以内，见图 4-8。

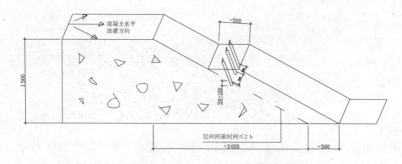

图 4-8　混凝土浇筑分层浇筑示意图

2）混凝土输送泵管用一层麻包袋覆盖并在浇筑过程中经常洒水保持湿润。

3）混凝土初凝前，表面用木抹子将混凝土表面压实抹平，待混凝土收水后，用木抹子搓平两次，闭合混凝土面层的收缩裂缝。

4）混凝土在浇筑过程中，要求互相协调、兼顾，保持基本相同的浇筑速度，注意层与层间的相互搭接，摊铺上层混凝土时，保证在下层混凝土初凝之前进行。层间间隔时间控制在 2 h 左右，层间不允许出现混凝土"冷缝"等质量问题。

5）采用沿椭圆长轴方向进行混凝土浇筑，有效避免施工冷缝的出现。图 4-9 为筏板一次浇筑混凝土泵管布置图。

图 4-9　筏板混凝土泵管布置图

（4）保温保湿养护

1）二次抹面压实后立即盖一层不透水、气的塑料薄膜和一层湿麻包袋，防止表面蒸发失水产生干裂。

2）保温保湿养护至少 15 d。

3）养护期间严格做到控制混凝土内外温差小于 25℃。

4. 温度监控措施

（1）测温设施

混凝土测温方法采用电子测温方法。测温仪选用北京建工生产的型号为 JDC-2 的混凝土电子测温仪和电子测温导线。

（2）电子测温点布置

由于现场实际情况不确定因素较多，为更好地了解该底板大体积混凝土的温度和降温规律，防止大体积混凝土内外温差超过限值而产生温度裂缝，确保大体积混凝土施工质量，在混凝土内布置测温点，掌握基础内部实际温度变化情况，监视温差波动，以指导养护工作。在筏板和环形梁内预埋电子测温点进行温度监测，见图 4-10，浇筑混凝土后，通过测温点进行温度监控，根据混凝土内外温差值采取相应有效的保温降温措施。在底板和环梁中心位置各设两组测温点，每组设上、中、下共三个测点。

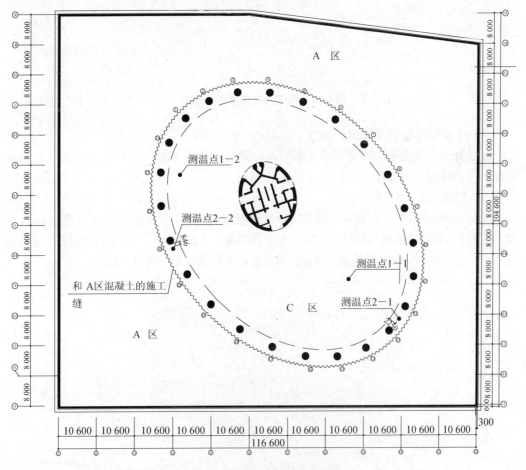

图 4-10　测温点平面布置图

电子测温导线需埋入混凝土中，预埋时测温线按各自埋置深度与结构钢筋绑扎牢固，以免位移或损坏，但电子测温感应探头应距钢筋 50 mm（用 50 mm 厚塑料垫块与钢筋隔离）。预埋前测温感应探头要进行检测，符合要求后，对探头作保护密封处理用胶黏剂密封，然后再进行一次检测，确保每支测温感应探头能正常测温。露出混凝土面的测温线用塑料带罩好，绑扎牢固，严禁测温端头受潮。各测温线要分别做好标识便于测温时查找，标识可用电工彩色胶布将测温线头包住，底层测温线用黑色标记，中层测温线用灰色实线标记，上层用灰色虚线标记，见图 4-11，保证其标识与埋置深度相符。

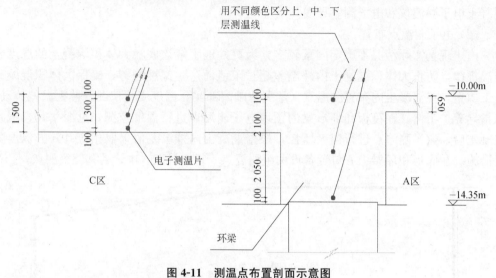

图 4-11　测温点布置剖面示意图

（3）测温时间周期及数据记录

自混凝土入模至浇捣完毕的 3 d 期间内每隔 2 h 测温一次，第 4～7 d 每隔 4 h 测温一次，以后每隔 8 h 测温一次。14 d 后停止测温。

（4）测温结果及分析

根据测温结果分析，环梁中心部位实际最高温度 84.1℃，发生在混凝土浇筑后 64 h 左右。筏板中心部位实际最高温度 78.7℃，发生在混凝土浇筑后 24～32 h。内外温差均没有超过 25℃，证明采用一层塑料薄膜加麻包袋覆盖养护能有效保温，见图 4-12。

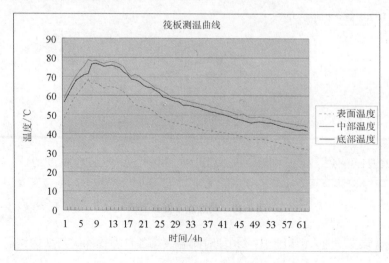

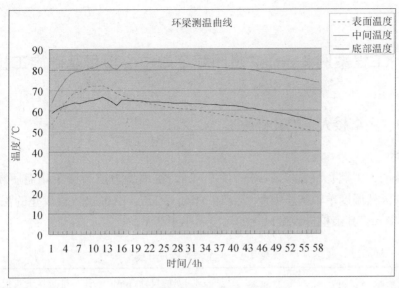

图 4-12　测温结果及分析

4.2.3　实施效果

1. 工程桩施工

对治理桩内涌现的强裂隙水，总结出了多套分案，通过对各方案的综合评估得出桩外降水及桩内止水联合方案，在止水效果、经济性、工期等均有较好的效果。在实施过程中，大部分桩的排水状况较好，但是最后施工的几条桩成了裂隙水的汇集区，原方案已经不满足其排水要求。在此情况下，将降水井钻进桩内，连接镀锌钢管，将降水井形成封闭状态，形成了桩内降水、涌水引排。桩的涌水量由 18.5 m³/h 降低至 1.7 m³/h，符合了施工要求，也为钢筋绑扎及混凝土浇筑提供了良好条件。所有工程桩经检测均合格，满足设计和规范要求。

2. 基础大筏板施工

（1）广州塔工程筏板与环梁大体积混凝土于 2006 年 10 月 1 日 7：30～2 日 17：30 施工完成，共浇筑时间 34 h，浇筑混凝土量 9 445 m³，单台混凝土泵平均浇筑混凝土量 27.8 m³/h，最高浇筑量 46 m³/h。

（2）经检测单位检测后，混凝土没有出现有害裂纹，仅在极少量的地方出现少量的表面不规则裂缝。保证了筏板与环梁的整体性，达到了预期的要求。

（3）根据测温结果显示，1 500 mm 厚筏板底部与中部之间温差实际比较小，基本上在 10℃左右，而 4 350 mm 环梁底部与中部之间温差比较大，在今后类似工程施工时应区别对待。

4.3　工程案例2——广州国际金融中心项目基础施工技术

4.3.1　主塔楼人工挖孔桩施工

1. 概述

主塔楼的人工挖孔桩数共47根，见表4-2，桩端持力层为微风化泥质粉砂岩层，要求桩岩样天然湿度单轴抗压强度 $f_r \geqslant 15$ MPa。ZH5、ZH6进入微风化的深度要求不小于8 m、6 m，其余桩进入微风化的深度不小于2 m。

表 4-2　人工挖孔桩尺寸表

桩编号	单桩竖向承载力标准值/kN	桩顶标高	混凝土强度等级	桩尺寸/mm			桩端扩大头尺寸/mm			
				D	L	A	D_0	b	h_1	h_2
ZH1	110 000 (3 000)	−21.45	C50	3 200	12 000		4 200	500	1 500	200
ZH2	139 000	−21.45	C50	3 600	9 000		4 800	600	1 800	200
ZH3	181 000	−21.45	C50	4 200			5 400	600	1 800	200
ZH4	274 000	−21.45	C50	4 800			6 800	800	2 400	200
ZH5	232 000 (16 000)	−21.45	C50	3 400	15 700	2 316	4 600	600	1 800	200
ZH6	220 000	−21.45	C50	3 200	8 000	3 296	4 400	600	1 800	200

ZH5、ZH6为异形桩，由两个半圆与矩形拼合而成，见图4-13，其中ZH5截面尺寸为：$D_1 = 5\,716$ mm，$D = 3\,400$ mm，$D_{01} = 6\,916$ mm，$D_0 = 4\,600$ mm；ZH6截面尺寸为：$D_1 = 6\,496$ mm，$D = 3\,200$ mm，$D_{01} = 7\,696$ mm，$D_0 = 4\,400$ mm，桩身钢筋笼重量非常大，且体积也大，如何确保钢筋笼的安装质量是该项目桩基础施工的关键。

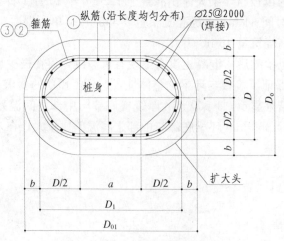

图 4-13　ZH5、ZH6桩截面大样图

2. 施工安排和施工流程

（1）施工安排

按照《建筑桩基技术规范》（JGJ 94—2008）规范的要求，当桩净距小于 2 倍桩径且小于 2.5 m 时，应采用间隔开挖，主塔楼位置的人工挖孔桩分两批进行施工，图 4-14 为桩分批示意图。

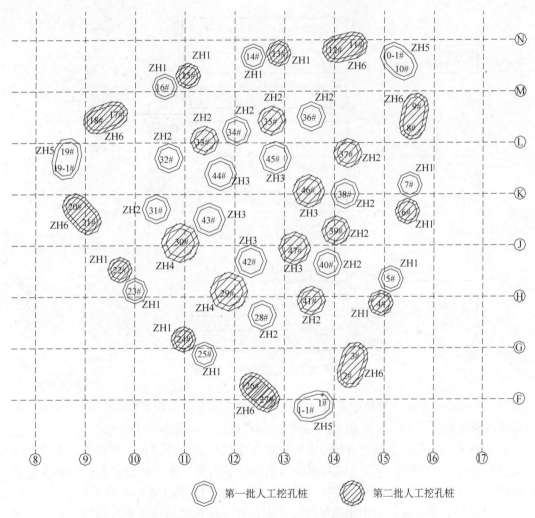

图 4-14　人工挖孔桩分批示意图

（2）施工流程

人工挖孔桩施工流程见图 4-15。

3. 主要施工方法

（1）成孔

1）开挖前，应从桩中心位置向桩四周引出四个桩心控制点，用牢固的混凝土墩标定。当一节桩孔挖好安装护壁模板时，必须用桩心点来校正模板位置，并应设专人严格校核中心位置及护壁厚度。

2）孔圈中心线应和桩的轴线重合，其与轴线的偏差不得大于 20 mm。确认桩位无

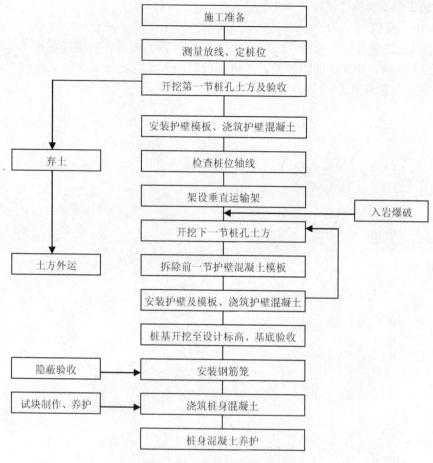

图 4-15 人工挖孔桩施工流程

误后，用风镐开挖第一节护壁，第一节孔圈护壁应比下面的护壁厚 100～150 mm，并应高出现场地面 0.15～0.2 m，上下护壁间的搭接长度不得小于 50 mm。

3）在开挖完第一节桩土方后，在孔顶用十字线调准护壁模板，待第一圈护壁混凝土捣好完成后，把桩中心线、标高明确标记在护壁内侧，作为控制桩孔位置和垂直度及确定桩的深度和桩顶标高的依据，通知有关人员进行复核无误后再向下开挖。

4）在进行挖孔时，采用钢吊架吊提土方，并在桩孔周围设置钢管围栏，桩顶设置半圆形防护板，于井内设置钢爬梯，见图 4-16。

5）桩每下挖 1 000 mm 浇一节护壁，每节土方开挖合格后，再装护壁模板及浇筑混凝土。

6）护壁混凝土强度等级为 C25，采用预拌混凝土，每节护壁均需由监理单位验收。

7）浇筑混凝土护壁时，用敲击模板及用竹和铁钎插实的方法。不得在桩孔水淹没模板的情况下灌注混凝土。

8）护壁混凝土的内模拆除，根据气温等情况而定，一般在 24 h 后进行，使混凝土有一定的强度，以能挡土。

9）当挖孔桩达到设计要求的桩深要求时，进行扩孔施工。

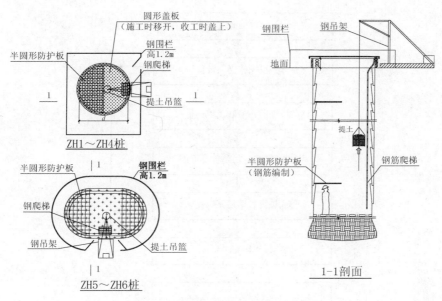

图 4-16 桩施工安全防护设施示意图

10）桩芯岩采用控制爆破施工，在桩施工前编制《爆破设计与施工方案》报有关公安局审批后才能实施爆破作业，并严格按照《爆破设计与施工方案》进行施工。

11）挖孔桩达到设计要求时，及时通知建设、设计单位和质监部门对孔底岩样进行鉴定。终孔时，清除护壁污泥、孔底的残渣、浮土、杂物和积水，并通知监理、设计等部门对孔底形状、尺寸、土质、岩性、入岩深度等进行检验。

（2）钢筋笼安装

考虑到大直径桩的钢筋笼重量和体积非常大，在吊放过程中容易产生变形，影响桩基础的质量，故施工时，桩钢筋采用在桩井下绑扎，井下钢筋绑扎的竖向钢筋与箍筋等按设计要求在钢筋加工厂加工完成后吊运至基坑底桩孔边用人工传递至桩孔内，严禁在桩孔下进行焊接作业。

1）施工工艺流程

人工挖孔桩钢筋笼安装流程见图 4-17。

2）竖向钢筋采用一次开料，钢筋接驳采用直螺纹连接，钢筋笼的绑扎按照每 2 m 一节，从下而上安装。

3）在桩中心线放一线锤，直垂到孔底，以确定桩心线，在井底放垂直十字线，控制钢筋安装的具体位置。

4）由于桩孔井深达 8 m 多，必须在井下设置操作平台，操作平台离坑底 1.8 m 处开始设置，以上每隔 2 m 设置一个；操作平台的立杆与横杆均采用 $\varnothing 48\ mm \times 3\ mm$，每隔一道横杆与护壁顶紧，操作平台面满铺钢筋条栅板，见图 4-18。

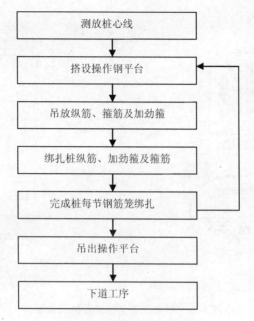

图 4-17　钢筋笼安装流程图

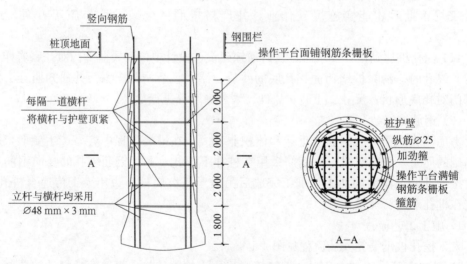

图 4-18　井下操作平台示意图

5）在井口逐一吊放桩身纵筋，为保证纵筋位置的准确，纵筋可先行对称平衡布置，与最上面和底下的箍筋安装固定；为确保纵向钢筋位置不变，在桩顶处加设 [10 槽钢与第一圈箍筋做临时固定，见图 4-19。

6）吊放一节桩的箍筋和加劲箍筋（@2000 mm），在孔内由下至上绑扎箍筋和加劲箍筋，保证纵筋的垂直。

7）为保证钢筋笼的保护层不小于 60 mm，保护层厚度采用预制混凝土垫块，绑扎在钢筋笼外侧的设计位置上。

8）当桩钢筋安装完成验收合格后，先拆除与桩护壁的顶撑后，用 80 t 汽车吊将操

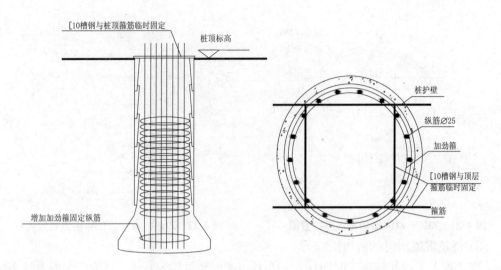

(a) 钢筋笼安装示意图　　　　　(b) 桩顶临时固定钢筋平面图

图 4-19 钢筋笼固定示意图

作平台整体吊出桩孔。

（3）桩混凝土浇筑

1）桩混凝土的浇筑将采用混凝土泵泵送，采用两台泵机同时浇筑，见图 4-20。

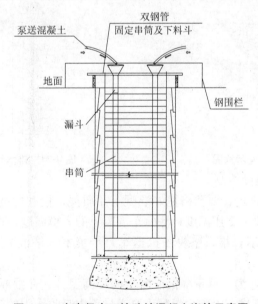

图 4-20 大直径人工挖孔桩混凝土浇筑示意图

2）采用两台高频振动棒分层振捣浇筑，利用混凝土车换车时进行振捣，振动棒要落点均匀，振点间距不大于 1 m，见图 4-21、图 4-22，控制振动棒插入深度，每次振捣时间为 8～10 s，不要漏振，也不能过振而造成骨料下沉，桩芯浇捣应连续灌筑。

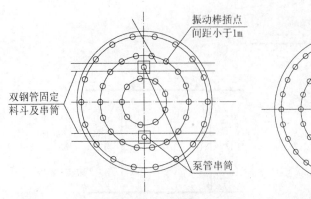

图 4-21　ZH1－ZH4 振动棒插点布置图　　　图 4-22　ZH5、ZH6 振动棒插点布置图

3）浇筑混凝土时的防雨措施

该工程人工挖孔桩施工时间在 8～10 月，考虑到每年 8 月和 9 月为广州的台风多雨季节，故在桩混凝土浇筑施工时，应尽量避开雨天施工，无法避免或突降大雨时，搭设防雨篷，见图 4-23，防雨篷采用 $\varnothing 48mm \times 3\ mm$ 钢管搭设，篷顶覆盖帆布；在桩口边设置排水沟，见图 4-24，离桩口距离≥30 cm；在排水沟处放置一台潜水泵，当雨水太大而不能及时排走时，开动潜水泵进行抽水，及时将雨水排走，绝对不能让泥水流入正在浇筑的桩中。

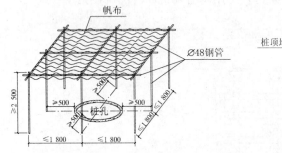

图 4-23　防雨篷示意图

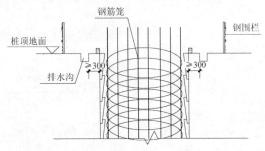

图 4-24　排水沟设置示意图

（4）混凝土入模温度控制

1）混凝土搅拌车进场，要严格把好混凝土品质关，检查搅拌车运输时间、混凝土坍落度是否达到规定要求。用温度计测每车混凝土的入模温度，控制在 30℃±2℃，入模温度大于 32℃属于不合格，坚决予以退车，严禁不合格混凝土进入泵机输送到桩孔内。

2）遇到高温天气，为了尽量降低混凝土的最高温升，在混凝土泵机水平输送管的整个长度范围内覆盖草袋，以减少混凝土泵送过程中吸收太阳的辐射热。

3）浇筑桩芯混凝土时，相邻两条桩必须停止施工，但不能停止抽水，以观察相邻桩是否受中间桩浇筑混凝土的影响。

（5）混凝土养护

由于桩周的岩体或护壁保温性能较好，采用自然降温方法处理，桩顶面露空面采用蓄水保温方式养护，蓄水高度不少于 500 mm，养护 14 d，基本上可满足不因水化热导致内外温差过大而产生裂缝，满足设计和规范要求。

4.3.2 地下室底板超大体积大面积混凝土浇筑施工

1. 概述

该项目工程地下室Ⅰ区底板由主塔楼底板和裙楼底板组成，见图 4-25。底板面标高为 -19.00 m（除集水井、电梯井外），Ⅰ区面积为 6 162 m^2。其中主塔楼地下室底板厚度 2 500 mm，采用 C45 混凝土，抗渗等级 P8，90 d 强度 C50；裙楼底板厚度 1 000 mm，采用 C35 混凝土，抗渗等级 P8，90 d 强度 C40；混凝土量见表 4-3。

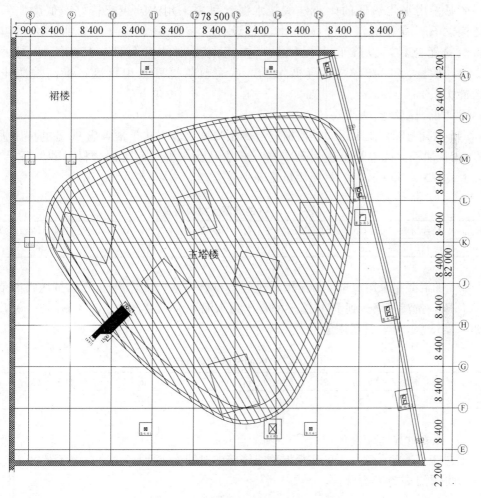

图 4-25　主塔楼底板和裙楼底板平面图

表 4-3　混凝土工作量

部位	面积/m^2	厚度/mm	混凝土方量/m^3	强度等级	抗渗等级
主塔楼底板、承台	2 848.4	2 500	7 978.6	C45；90 d 强度 C50	P8
裙楼底板、承台	3 314.1	1 000	3 608.6	C35；90 d 强度 C40	P8

Ⅰ区底板属于大体积混凝土构件，为确保混凝土浇筑质量，除采用合理的施工工艺、裂缝控制措施外，还需考虑混凝土供应情况、道路运输等因素，并制定包括天气

变化因素在内的可能导致混凝土浇筑中断的应急措施，同时为减少施工缝出现的质量缺陷，将Ⅰ区底板两个不同强度等级、板厚的混凝土同时浇筑。

2. 施工技术措施

（1）材料选用

主塔楼底板混凝土采用C45、P8级的抗渗混凝土（要求90 d强度达到C50），混凝土的强度、抗渗等级高，一次混凝土浇筑量大，要确保其质量，必须先严格控制由于水泥的水化热引起的混凝土内外温差而引起拉裂的问题。

水泥采用水化热低的矿渣硅酸盐水泥，骨料采用连续级配较好，低膨胀系数的花岗岩石。通过对混凝土配合比进行设计，掺加粉煤灰改为掺加Ⅱ级粉煤灰和矿渣粉配合料，以降低水泥用量，提高混凝土的可泵性。外加减水剂采用FDN-2，掺量为1.43%，以降低水量，从而改善混凝土坍落度，提高混凝土的泵送能力。

（2）配合比设计

C45混凝土配合比采用"早期推定混凝土强度试验方法"推算出90 d的抗压强度值为58.8 MPa，抗渗等级达到P8；施工配合比为水泥∶水∶混合材∶砂∶石＝1∶0.59∶0.67∶2.49∶3.41，材料用量见表4-4。

表4-4　C45的混凝土材料用量

水泥	混合材料/（kg/m³）	砂/（kg/m³）	石/（kg/m³）	水/（kg/m³）	外加剂/（kg/m³）
287	110	83	715	980	170	6.85

C35的混凝土采用"早期推定混凝土强度试验方法"推算出90 d的抗压强度值为48.3 MPa，抗渗等级达到P8；施工配合比为水泥∶水∶混合材∶砂∶石＝1∶0.79∶0.86∶3.65∶4.56，材料用量见表4-5。

表4-5　C35的混凝土材料用量

水泥	混合材料/（kg/m³）	砂/（kg/m³）	石/（kg/m³）	水/（kg/m³）	外加剂/（kg/m³）
215	110	75	785	980	170	4.87

（3）温差计算

根据施工进度计划，Ⅰ区底板混凝土浇筑的时间为12月，最高气温不超过30℃。

1）混凝土的绝热温升：

$$T_h = \frac{(m_c KF)\, Q}{C\rho} \tag{4-1}$$

式中　　T_h——混凝土的绝热温升，℃；

　　　　m_c——每立方米混凝土的水泥用量（包括外加剂），kg/m³，主塔楼底板取287 kg/m³；裙楼及套间式办公楼底板取215 kg/m³；

　　　　K——掺合料折减系数，粉煤灰取0.25；

　　　　F——混凝土活性掺合料用量，kg/m³，取193；

　　　　Q——每千克普通硅酸盐水泥28 d的累计水化热，取377 kJ/kg；

　　　　C——混凝土比热容，取0.96kJ/（kg·K）；

ρ ——混凝土密度，为 2 400 kg/m^3。

则：$T_h = \dfrac{(m_c KF)\ Q}{C\rho} = 54.9℃$（C45 底板）；$T_h = \dfrac{(m_c KF)\ Q}{C\rho} = 43.1℃$（C35 底板）

混凝土最大绝热温升：取 $T_{max} = 55℃$（C45 底板）；$T_{max} = 45℃$（C35 底板）

2）混凝土中心计算温度：

$$T_1 = T_j + T_{max} \times \zeta \tag{4-2}$$

式中　T_1——龄期混凝土中心计算温度；

　　　T_j——混凝土浇筑温度，按 30℃ 计算；

　　　ζ——不同浇筑混凝土块厚度的温度系数，对 2 500 mm 厚混凝土 ζ 取 0.65；
　　　　　对 1 000 mm 厚混凝土 ζ 取 0.36。

则：$T_1 = T_j + T_{max} \times \zeta = 30 + 55 \times 0.65 = 65.75℃$（2 500 mm 底板）

$T_1 = T_j + T_{max} \times \zeta = 30 + 45 \times 0.36 = 46.2℃$（1 000 mm 底板）

3）混凝土表层温度：

① 混凝土虚厚度：

$$h' = k\lambda/\beta \tag{4-3}$$

式中　h'——混凝土虚厚度，m；

　　　k——折减系数，取 2/3；

　　　β——混凝土表面保温层等的传热系数，W/（m·K），$\beta = \dfrac{1}{\sum \dfrac{\delta_i}{\lambda_i} + \dfrac{1}{\beta_q}} = $

　　　　$\dfrac{1}{\dfrac{0.09}{0.12} + \dfrac{1}{20}} = 1.25$；

　　　λ——混凝土导热系数，取 2.4W/（m·K）。

则：$h' = k\lambda/\beta = 2/3 \times 2.4/1.25 = 1.25$ m

② 混凝土计算厚度：

$$H = h + 2\,h' \tag{4-4}$$

式中　H——混凝土计算厚度，m；

　　　h——混凝土实际厚度，m。

　　　$H = 2.5 + 2 \times 1.28 = 5.06$ m（2 500 mm 底板）

　　　$H = 1 + 2 \times 1.28 = 3.56$ m（1 000 mm 底板）

③ 混凝土表层温度：

$$T_{2(t)} = T_q + 4h'\ (H - h')\ [T_{1(t)} - T_q]\ /H^2 \tag{4-5}$$

式中　$T_{2(t)}$——混凝土表层温度，℃；

　　　T_q——施工期大气温度，℃，取晚间气温最低 15℃；

　　　h'——混凝土虚厚度，m；

　　　H——混凝土计算厚度，m；

　　　$T_{1(t)}$——混凝土中心温度，℃。

则：$T_{2(t)} = 15 + 4 \times 1.28 \times (5.06 - 1.28) + (65.75 - 15)/5.06^2 = 36.3℃$（2 500 mm 底板）

$$T_{2(t)}=15+4\times1.28\times(3.56-1.28)+(46.2-15)/3.56^2=29℃（1\,000\,mm\,底板）$$

4）混凝土的内外温差计算值：

$$\Delta t=T_1-T_2=65.75-36=29.75℃（2\,500\,mm\,底板）$$

$$\Delta t=T_1-T_2=46.2-29=17.2℃（1\,000\,mm\,底板）$$

通过计算，由于2 500 mm厚的底板内外温差计算大于25℃，需要采取必要的预防和养护措施，以确保混凝土的质量。1 000 mm厚的底板由于混凝土表面的理论温度大于大气的平均温度，其表面亦需采取保温措施。

（4）施工机械

1）混凝土输送泵数量

对于大体积大面积混凝土的浇筑，主要是控制每台混凝土泵所负责浇筑段内不出现施工冷缝。施工冷缝主要是混凝土浇筑间歇时间大于混凝土的初凝时间而形成。根据混凝土配合比，该工程混凝土的初凝时间为6～8 h，故混凝土浇筑间歇不能超过该区混凝土初凝时间。

混凝土泵数量计算：

$$N_2=Q/Q_1/T_0 \tag{4-6}$$

式中　N_2——混凝土泵数量，台；

　　　Q——混凝土浇筑量，m^3；

　　　Q_1——每台混凝土泵的实际平均输出量，m^3/h，考虑工作效率因素，每台混凝土泵每小时泵送按32 m^3计算；

　　　T_0——混凝土泵送施工作业时间。

则：$N_2=11\,587.2\div32\div48=7.54$台

计划Ⅰ区段底板混凝土由西向东方向浇筑，投入8台混凝土泵，可以满足施工需要。

2）混凝土拌运输车需用台数

根据施工需要，每台混凝土车来回现场和搅拌站需时90 min，卸料15～20 min，累计需时105～110 min，要保证泵机有连续的混凝土供应，则每台泵机需配备搅拌车数量为8台。

（5）泵机布置

Ⅰ区主塔楼部分混凝土底板浇筑投入8台混凝土泵机进行，考虑到现场出入口和场外运输道路的条件，泵机及泵管布置见图4-26。

混凝土浇筑路线从⑧轴向⑰轴方向推进，开始浇筑时，1#、2#、7#、8#共4台泵负责裙楼C35混凝土浇筑，3#～6#共4台泵负责主塔楼C45混凝土浇筑，浇筑至⑪轴时，2#和7#泵改为泵送主塔楼C45混凝土，此时主塔楼将采用6台泵机同时施工，图4-27混凝土泵管的施工现场布置实例。

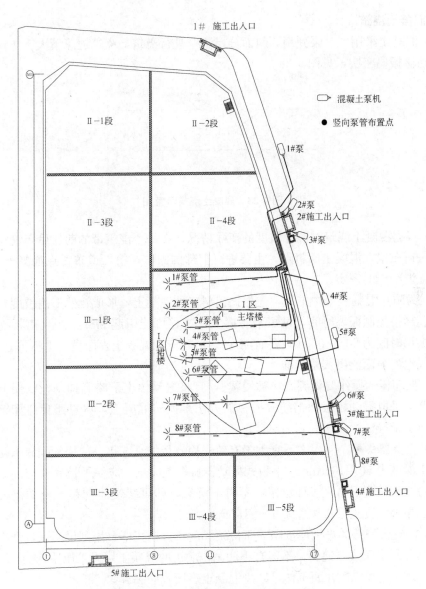

图 4-26　主塔楼泵机及泵管布置示意图

图 4-27　主塔楼混凝土泵管布置实例

3. 混凝土浇筑

(1) 混凝土采用"一泵到顶，斜面分层法"进行浇筑，浇筑进深不大于 1 m，用插入式振动棒振捣密实，见图 4-28。

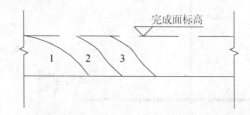

图 4-28　混凝土浇筑示意图

(2) 根据混凝土浇筑时形成坡度的实际情况，在每个浇筑带的前、后布置两道振动棒，第一道布置在混凝土卸料点，主要进行上部的振实，第二道布置在混凝土坡脚处，确保下部混凝土的密实。

(3) 为防止混凝土集中堆积，先振捣出料口处混凝土，形成自然流淌坡度，然后全面振捣。严格控制振捣时间，过短不易捣实，过长可能引起混凝土产生离析现象，一般每点振捣时间为 20～30 s（必要时 10 s）。但还应视混凝土表面呈水平不再显著下沉，不再出气泡，表面泛出灰浆为准。

(4) 振动棒的操作要做到"快插慢拔"，宜将振动棒上下略有抽动，以便上下振动均匀。严禁采取振动棒振动钢筋或模板的方法来振实混凝土，尽量避免碰撞钢筋、预埋件和止水带等。

(5) 振捣器移距：插入式不宜大于有效作用半径的 1.5 倍，应插入到尚未初凝的下层混凝土深度为 50～100 mm。平板式振动器振捣混凝土，应使平板底面与混凝土全面接触，每一处振到混凝土表面泛浆，不再下沉后，即可缓慢向前移动，平板式振动器移距与已振捣混凝土搭接宽度不小于 10 cm。

(6) 混凝土浇筑的虚铺厚度略大于浇筑厚度，振捣完毕，用刮尺刮平，刮平混凝土过程中，混凝土面浆要饱满，不留有小凹洞。墙边的混凝土用人工压浆抹面。

(7) 必须进行二次抹面工作，减少混凝土表面收缩裂缝。

(8) 电梯底坑、集水井处桩与底板连接按图 4-29 进行处理。

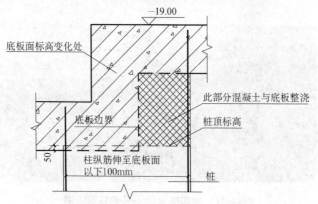

图 4-29　电梯井底坑、集水井处桩与底板连接大样图

4. 混凝土养护

1 m 板厚养护方法，混凝土浇筑完成压光后覆盖一层保温保湿层，每层保温保湿层为：一层薄膜，薄膜上再覆盖一层麻袋，并将表层的麻袋用水充分浇淋湿透（每隔 3 h 浇水淋湿一次），搭接 10 cm，混凝土降温后，撤除麻袋，继续浇水养护 10 d。

2.5 m 板厚养护方法，采用双层的保温保湿法，即混凝土面完成压光后覆盖两层保温保湿层，每层保温保湿层是：一层薄膜、薄膜上覆盖一层麻袋，将麻袋用水充分湿透后（每隔 3 h 浇水淋湿一次），面上采用木枋固定，使混凝土表面内形成可靠的保温保湿环境，完全降温后方撤除麻袋、薄膜，并增加温度监控。

采用薄膜覆盖的养护方法可以保证混凝土表面温度与大气的温度隔开，同时混凝土表面能凝聚蒸发水分的水蒸气，达到保温保湿的效果，湿麻包袋＋淋水养护可以保证混凝土面有足够的湿润环境，提供良好的保湿环境可以显著增加混凝土的抗拉强度及极限拉伸。养护温度的升高能提高混凝土的早期强度，但对后期强度有不利影响。因此，在控制内外温差的前提下，在升温阶段应尽可能适当放热，一方面可以降低混凝土温升峰值；另一方面又可防止影响后期强度。

5. 测温点布置

为控制混凝土的内外温差在允许的要求范围内，对地下室底板大体积混凝土须进行测温，以及时发现混凝土内部的温度变化，及时采取相应减少温差措施。

1）测温装置设置，测温采用预埋钢管。预埋钢管应埋入混凝土中，预埋时需按各自埋置深度与底板钢筋绑扎牢固，以免位移或堵塞损坏。

2）进行测温时，采用 KT902C 的电子测温仪进行测温。

3）测温点布置见图 4-30，测温点竖向布置见图 4-31。

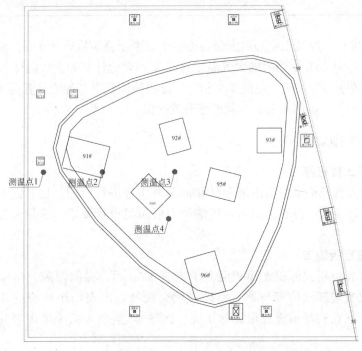

图 4-30　测温点平面布置图

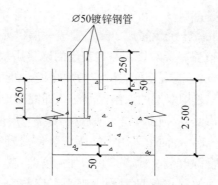

图 4-31　测温点竖向布置图

4）测温管底部封铁板，上端管口用布塞孔。

6. 混凝土的温度监测

在混凝土浇筑后的 15 h 后，开始进行测温。经过连续 14 d 的测温记录显示，表 4-6 为典型时间（混凝土浇筑 3 d）的混凝土温度值。

表 4-6　混凝土温度值

序号	33	测温时间	12 月 23 日 14 时 36 分		测量人	
空气温度/℃	25	表面水温/℃		36	记录人	
测点位置	麻袋底	上	中			下
第一点/℃	36	42	46			45
第二点/℃	35	42	50			39
第三点/℃	38	44	61			48
第四点/℃	37	46	51			47

从表 4-6 可见，混凝土中心温度最高温度于混凝土浇筑后第 3 d 在测温点 3 出现为 61℃，内外温差为 23℃，当时的大气温度为 25℃，理论计算的大气温度值 30℃和实际的大气温度值相差 5℃，两个差值基本相符，证明施工效果与理论计算基本一致，且覆盖层下充满水蒸气，证明两层的薄膜能够有效保温。

4.3.3　实施效果

1. 大直径工程桩施工

该项目的大直径桩采用超声波和钻孔抽芯对质量进行检测，桩芯混凝土抗压强度值全部符合设计要求，桩底无沉渣，桩端持力层满足设计要求，满足施工质量验收规范要求。

2. 地下室底板施工

在地下室底板超大体积大面积混凝土浇筑 14 d 后，撤除薄膜、湿麻包袋，整个混凝土表面仅有局部（位于与地下室外侧壁交接处）出现细小短裂缝外（原因为该位置的表面浮浆在初凝前没有很好的压光、抹平），整个大面未出现裂缝，质量效果较好。

第 5 章　超大型项目模板工程施工技术

5.1　超大型项目模板工程特点

5.1.1　竖向模板为重点

目前超大型项目尤其是超高层建筑多采用框—筒、筒中筒结构体系，核心筒以钢筋混凝土结构为主，外框架（筒）以钢结构为主，水平结构（楼板）一般采用钢筋桁架压型钢板（楼承板）作模板，因此超高层建筑结构施工中，核心筒的模板工程量最大。且在超高层建筑中，核心筒内多为电梯和机电设备井道，楼板缺失比较多，竖向结构（剪力墙）工作量较水平结构（楼板）工作量大得多，竖向模板面积远远超过水平模板面积。如广州塔项目的核心筒，竖向模板面积为水平模板面积的 6 倍多。因此超大型项目尤其是超高层建筑施工模板工程设计必须以竖向模板为重点，以加快竖向结构施工为目标。

5.1.2　施工精度要求高

超大型项目尤其是超高层建筑结构超高，结构受力复杂，特别是垂直度对结构受力影响显著，施工精度要求非常高。且超高层建筑设备中的电梯正常运行对结构垂直度也有严格要求，因此超大型项目尤其是超高层建筑模板工程系统必须具备较高的施工精度。

5.1.3　施工效率要求高

超大型项目尤其是超高层建筑施工往往采用阶梯形竖向流水方式，核心筒是其他工程施工的先导，核心筒施工速度对其他部位结构施工速度甚至整个超高层建筑施工速度都有显著影响，因此超大型项目尤其是超高层建筑模板工程必须具有较高工效。

为此，超大型项目尤其是超高层建筑模板工程必须以核心筒为重点，以竖向结构为主体，在确保施工精度的前提下，努力提高施工效率。

5.2　超大型项目模板工程技术选择

超大型项目尤其是超高层建筑施工有赖于先进的模板工程技术，同时超高层建筑的蓬勃发展又极大地促进了模板工程技术的进步。20世纪以来是超高层建筑大发展的时期，模板工程技术呈现出百花齐放、丰富多彩的发展局面，液压滑动模板工程技术、液压爬升模板工程技术、整体提升钢平台模板工程技术和电动整体或分片提升脚手架模板工程技术已经成为超高层建筑结构施工主流模板工程技术。

超高层建筑施工中，如何科学合理地选择模板工程技术，是广大工程技术人员研究的重要内容，因为模板工程技术事关超高层建筑施工的质量、安全和进度，且对项目投入施工成本影响也大，因此必须在深入了解各种模板工程技术特点的基础上，结合超高层建筑工程特点以及实际情况进行选择。

5.2.1　超高层建筑模板工程技术特点分析

作为超高层建筑施工主流模板工程技术，液压滑动模板工程技术、液压爬升模板工程技术、整体提升钢平台模板工程技术和电动整体或分片提升脚手架模板工程技术各具特色，拥有自身独特的应用范围。

1. 液压滑动模板工程技术

液压滑动模板工程技术是一种现浇钢筋混凝土工程的连续成型施工工艺，它以滑模千斤顶、电动升板机为动力，带动模板沿混凝土表面滑动而成型的工艺。其工艺原理为：首先按照结构平面形状，设计和组装液压滑动模板系统（包括模板、围圈、提升架和操作平台等），在内外模板之间形成一个上下连续的空间，然后待钢筋绑扎完成后，由模板的上口分层（每层厚度一般30 cm左右）浇灌混凝土，当模板内最下层的混凝土达到一定的强度后，液压滑动模板系统以预留在结构内的支承杆（钢筋或钢管）为轨道，以液压千斤顶为动力带动模板向上滑动一个流水段。这样，一边向模板内浇灌混凝土，一边将模板向上滑动，使已成型的混凝土不断脱模，如此循环往复，直至达到结构设计高度。

其特点是液压滑动模板系统一经组装完成即可连续施工，故适用于体形规则且变化不大的筒体结构（粮仓、烟囱等），收分不显著的钢筋混凝土剪力墙。而目前超高层建筑高度不断增加，结构收分幅度大和复杂多变，故液压滑动模板工程技术应用受到较大制约，应用范围越来越小。

2. 液压爬升模板工程技术

液压爬升模板是爬模装置通过承载体附着或支承在混凝土结构上，当新浇筑的混凝土脱模后，以液压油缸或液压千斤顶为动力，以导轨或支承杆为爬升轨道，将爬模装置向上爬升一层，反复循环作业的施工工艺，是现代液压工程技术、自动控制技术与爬升模板工艺相结合的产物。

其特点是模块化配置，外附于剪力墙，收分方便，故对结构体形和立面适应性强，特别是材料设备周转利用率高，不像液压滑动模板工程技术和整体提升钢平台模板工程技术需要大量的支撑结构埋入剪力墙中，节约施工成本，在特别高大的超高层建筑中应用的优势非常明显。目前液压爬升模板工程技术已经成为世界上超高层建筑应用最广泛的模板工程技术。

3. 整体提升钢平台模板工程技术

整体提升钢平台模板工程技术属于提升模板工程技术，其基本原理是运用提升动力系统将悬挂在整体钢平台下的模板系统和操作脚手架系统反复提升；提升动力系统以固定于永久结构上的支撑系统为依托，悬吊整体钢平台系统并通过整体钢平台系统悬吊模板系统和脚手架系统，施工中利用提升动力系统提升钢平台，实现模板系统和脚手架系统随结构施工逐层上升，如此逐层提升浇筑混凝土直至设计高程。

其特点是系统整体性强，荷载由支撑系统承担，故施工作业条件好，提升不受混凝土强度控制，施工速度快，特别适合工期要求非常高的超高层建筑施工，在我国许多标志性超高层建筑施工中发挥了重要作用。但是整体提升钢平台模板系统灵活性相对较差，适用结构收分和体形变化的能力比较弱，当剪力墙结构中有劲性钢梁时，整体提升钢平台模板系统需要解体与组合，施工效率显著下降。而且整体提升钢平台模板系统出现偏移时纠偏较为困难。

4. 电动整体或分片提升脚手架模板工程技术

电动整体或分片提升脚手架模板工程技术是现代机械工程技术、自动控制技术与传统脚手架模板施工工艺相结合的产物。电动整体或分片提升脚手架模板系统是利用构件之间的相对运动，即通过构件交替爬升来实现系统整体爬升的，但电动整体或分片提升脚手架模板系统中模板不随系统提升，而是依靠塔吊提升。电动整体或分片提升脚手架模板工程技术是在提升自动控制系统作用下，以电动捯链为动力实现脚手架系统由一个楼层上升到更高一个楼层位置。

其特点是灵活性强，标准化程度高，体形和立面适应性强，成本低廉，因此成为我国应用最广的超高层建筑模板工程技术。但是由于电动整体或分片提升脚手架模板系统承载力低，因此结构施工多采用散拼散装模板工艺，施工工效比较低，施工速度受到制约，一般多应用于施工速度要求不高的超高层建筑工程或外框架施工。

5.2.2　超高层建筑模板工程技术选择

超高层建筑模板工程技术选择必须综合考虑超高层建筑结构特点、施工进度要求和工程所在地的经济社会发展水平，分析不同类型模板工程施工工艺的技术可行性和经济可行性，并遵循技术可行、经济合理的原则。

1. 超高层建筑结构特点的影响

（1）超高层建筑住宅结构体形比较复杂，且水平结构面积大，因此一般多采用电动整体或分片提升提升脚手架模板工程技术施工。

（2）超高层建筑外框架模板面积比较小，多采用电动整体或分片提升脚手架模板工程技术施工。

（3）当超高层建筑核心筒是以剪力墙为主体结构时，就必须采用高效的模板工程技术施工，如液压滑动模板工程技术、液压爬升模板工程技术和整体提升钢平台模板工程技术。

（4）当超高层建筑核心筒采用劲性结构时，液压滑动模板工程技术和整体提升钢平台模板工程技术的施工效率就显著下降，而液压爬升模板工程技术的优势就比较明显。

2. 施工进度的影响

液压滑动模板工程技术、液压爬升模板工程技术、整体提升钢平台模板工程技术和电动整体或分片提升脚手架模板工程技术的工效有很大差异，电动整体提升脚手架模板工程技术的施工工效比较低，一般需要5～7 d才能施工一层结构。

当超高层建筑施工进度要求比较高时，液压滑动模板工程技术、液压爬升模板工程技术和整体提升钢平台模板工程技术的优势就非常明显。因此对一些资金投入大，工期成本高的超高层建筑施工多采用工效比较高的液压爬升模板工程技术和整体提升钢平台模板工程技术，而资金投入小，工期成本低的超高层建筑如住宅施工则多采用工效比较低但价格低廉的电动整体或分片提升脚手架模板工程技术。

3. 经济社会发展水平的影响

超高层建筑模板工程的成本既包括系统本身的造价，也包括系统使用过程中消耗的人工成本，因此选择模板工程技术时应当综合考虑工程所在地经济社会发展水平的影响。

经济社会发展水平高时，人工价格也就高，超高层建筑施工应当选择自动化程度高，人工消耗量小的模板工程技术，如液压爬升模板工程技术、整体提升钢平台模板工程技术和液压滑动模板工程技术。而在经济社会发展水平低的地区，人工价格也就低，超高层建筑施工就可以选择人工消耗量比较大但造价低廉的模板工程技术，如电动整体或分片提升脚手架模板工程技术。

5.3　工程案例1——广州国际金融中心项目核心筒结构模板工程施工技术

5.3.1　概述

1. 核心筒结构设计特点

广州国际金融中心工程建筑总高度达432 m，核心筒结构设计主要有以下特点：

1）核心筒外壁截面沿竖向逐步收小，变化时为外墙外侧向内收。

2）核心筒内壁截面沿竖向逐步收小，变化时为一边变化。

3）部分墙体到66层以后逐步收掉。

4）核心筒外壁每六层（即外框钢柱节点层）设置有环形暗梁，暗梁配筋很密，另暗梁内设置有环形钢梁与外框钢结构连接。

5）核心筒沿竖向存在混凝土结构与钢结构的相互转换。

6）核心筒三面长墙在73层以上变为弧墙，并向内倾斜，93层以上弧墙向外倾斜。

2. 核心筒结构施工特点

1) 满足超高层核心筒结构施工自身的安全性。

2) 满足核心筒沿竖向截面不断变化的要求。

3) 避免节点层钢拉梁牛腿的影响。

4) 满足核心筒 70 层上下结构平面形式变化很大的要求，并满足高空改装作业的安全性和可操作性。

5) 核心筒施工进度需要满足钢结构施工的流水节拍。

6) 塔吊以服务钢结构为主，核心筒作业需要尽量减少对塔吊的依赖。

7) 模板选择需要满足便于安装、拆卸以及混凝土浇筑质量的保证，并能保证周转使用的次数以及周转时转运方便。

5.3.2　模板工程的技术选择

通过对该项目核心筒结构设计和施工特点进行分析，并对超高层建筑主流模板技术进行比选，最后决定采用整体顶升模板体系进行该工程核心筒竖向结构的施工，该模板技术具有如下优点：

1) 可形成一个封闭、安全的作业空间。

2) 整个平台和模板通过液压顶升系统完全自爬升，减少了模板的周转用工和机械使用时间，较大地提高了工效。

3) 可实现变截面处的模板系统提升。

4) 使用支撑点少（3 根钢柱支撑，便于控制整个平台的同步提升），对于支撑系统和平台，可以作局部修改即可运用于 70 层以上的核心筒施工。

5) 模板采用大钢模板辅助活动铰接角模机构和钢骨架木面板补偿模板，可以便于模板收分及拆装。

5.3.3　整体顶升模板体系的设计

整体顶升模板体系是由桁架钢平台、圆管支撑钢柱（3 个）、长行程（6 m）高能力（300 t）液压千斤顶、定型大钢模板和可调节移动式挂架组成。

1. 系统功能分区划分

（1）钢平台上功能分区

钢平台上满铺走道板，作为楼层钢筋堆放，钢筋二次转运，氧气、乙炔瓶堆放，临时电箱接驳，中央数据控制，垃圾集中，移动厕所，楼层用水，消防器材，电梯通道，安全疏散通道入口等功能，见图 5-1 和图 5-2。

（2）挂架功能分区

挂架上部两步为钢筋绑扎、模板支设操作架；第三步为钢筋绑扎、模板支设与拆除、模板面板清理的操作架；第四步为模板拆除操作架；第五步为提模系统兜底防护，兼做模板拆除、模板清理的操作架，见图 5-3。

材料堆放与作业层分开，有效地解决了作业面空间狭小的问题，并且便于保证文明施工；钢平台下始终留空一层，这样可以保证施工的持续性，混凝土浇筑完成后，上层钢筋工程即可以开始，钢筋绑扎的时间即为等下层混凝土强度和模板拆除的时间，

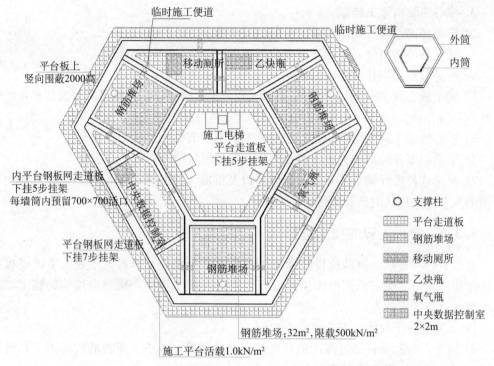

图 5-1　66 层以下整体顶升模板体系平面及竖向功能分区示意图

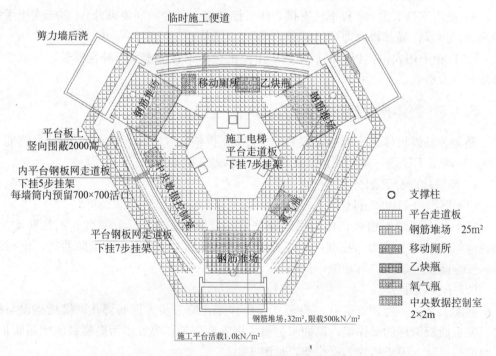

图 5-2　67 层以上整体顶升模板体系平面及竖向功能分区示意图

有效地保证了核心筒整体施工进度。

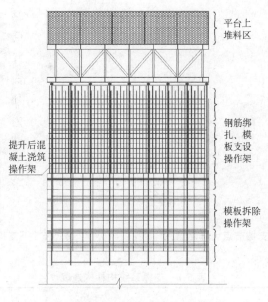

图 5-3　挂架功能分区

2. 支撑与顶升系统

（1）支撑系统

支撑系统主要由支撑钢柱、支撑箱梁、伸缩油缸和可调节导轮组成，见图 5-4～图 5-6。构件的构造见表 5-1。

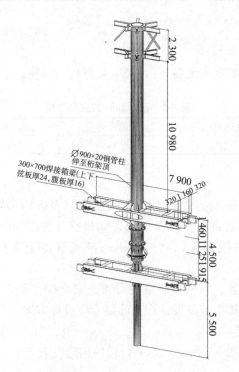

图 5-4　支撑系统示意图

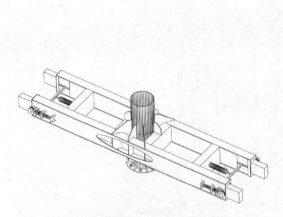 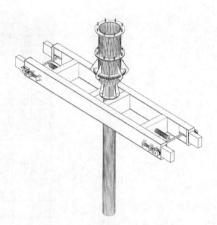

图 5-5　上支撑节点大样示意图　　　　图 5-6　下支撑节点大样示意图

表 5-1　支撑系统构件构造表

构件	构造
支撑钢柱	∅900 mm×20 mm 钢管柱从油缸活塞杆顶至钢平台顶，材质 Q345
支撑箱梁	300 mm×700 mm 箱形梁（上下弦板为 24 mm 厚钢板，腹板为 16mm 厚钢板焊接）端部设置伸缩油缸带动 200 mm×400 mm 伸缩钢梁
伸缩油缸	上下支撑两端各设置一个小伸缩油缸，顶升力 6 t，行程 550 mm，推动或拉动两边伸缩牛腿的进出
可调节导轮	伸出钢梁端部 50 mm，距离墙面 50 mm，防止支撑系统侧向位移过大

（2）顶升系统

1）液压油缸

液压油缸的主要性能要求见表 5-2，且应具有自锁功能。

表 5-2　液压油缸的主要性能

顶升压力	顶升有效行程	顶升速度	油缸内径	活塞杆直径
300 t	5 000 mm	100 mm/min	400 mm	300 mm

2）同步控制系统

液压系统利用同步控制方式；通过液压系统伺服机构调节控制 3 个液压油缸的流量，从而达到 3 个油缸的同步顶升要求；同步顶升高度误差控制在 10 mm 范围内；每个油缸位置设置监视摄像头，通过监视系统观察每个支撑钢管柱及油缸的顶升情况。

具体系统油路的布置、集中控制室的设置、安全操作平台的设置及油缸与支撑钢梁、油缸与支撑钢柱的接头节点设计详见油缸专项设计方案。

3. 钢平台结构布置

钢平台结构布置如图 5-7 所示，钢平台构件构造见表 5-3。

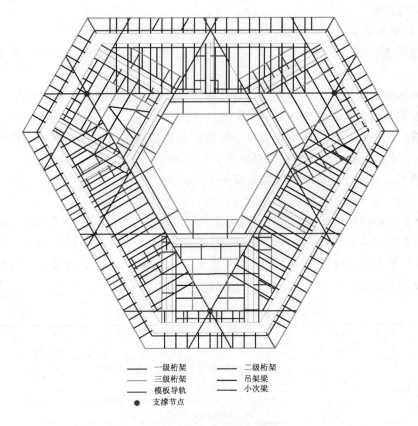

图 5-7　钢平台结构布置图

表 5-3　钢平台构件构造表

序号	构件名称	构造说明	主要功能
1	一级桁架	上下弦为 346 mm×174 mm×6 mm×9 mm 的 H 型钢，腹杆为 120 mm×5 mm 的方钢管，三个支撑节点临边四跨内腹杆为 120 mm×6 mm 的方钢管	钢平台主要承力骨架
2	二级桁架	上下弦为 298 mm×149 mm×5.5 mm×8 mm 的 H 型钢，腹杆为 120 mm×5 mm 的方钢管	吊架、模板荷载主承力构件
3	三级桁架	上下弦为 200 mm×100 mm×5.5 mm×8 mm 的 H 型钢，腹杆为 100 mm×4 mm 方钢管	吊架荷载主承力构件
4	吊架梁	200 mm×100 mm×5.5 mm×8 mm 的 H 型钢	挂在钢桁架下弦，作为吊架的直接承力构件
5	小次梁	200 mm×100 mm×5.5 mm×8 mm 的 H 型钢	连接在桁架上弦，作为主桁架的平面外约束并作为平台上走道的骨架
6	模板导轨	200 mm×100 mm×5.5 mm×8 mm 的 H 型钢	挂在钢桁架下弦，作为模板的直接承力构件

4. 模板系统

(1) 配模原则

1) 按照 2 400 mm×4 700 mm 为标准进行配置, 尽可能多地配置标准模板, 便于工厂加工。

2) 墙体两边模板基本错半对应, 对拉螺杆位置需考虑墙体变截面时大面不受影响。

3) 配模从边角开始, 分区域进行配置。

4) 分标准模板、非标准不变模板、角模和补偿模板进行配置, 其中补偿模板采用角钢骨架＋木面板的形式, 避免因墙体变化引起的钢模板的浪费。

5) 模板需要便于安装和拆卸以及模板表面的清理。

(2) 配模

该工程模板配置主要包括如图 5-8 所示的标准模板 (2 400 mm×4 700 mm)、非标准模板 (根据配模尺寸补偿标准模板区域以外的尺寸)、如图 5-9 的可调节木模 (墙体变截面部位调节因墙体厚度变化引起的配模尺寸的调整)、活动铰接角模 (锐角部位和空间比较狭小的部位) 和固定角模, 大钢模板主要构造见表 5-4。

表 5-4　大钢模板构造表

序号	部件	构造
1	模板面板	5 mm 厚钢板, 材质 Q235
2	模板小横肋	5 mm 厚扁铁, 宽 70 mm, 间距 400 mm
3	模板边肋	8 mm 厚扁铁, 宽 70 mm
4	竖肋	30 mm×70 mm×3 mm 方钢管, 间距 400 mm
5	大背楞	[14a 双槽钢, 间距 900 mm

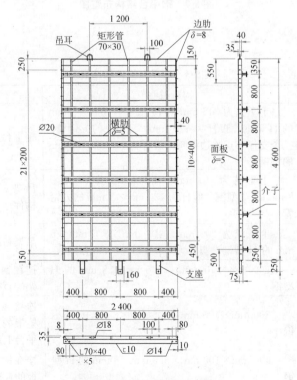

图 5-8　标准模板加工图

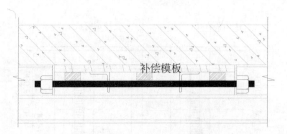

图 5-9　补偿模板平面示意图

5.3.4　一个标准层结构施工流程

1）下层混凝土浇筑完毕，上下支撑距离 4.5 m，平台下部留空 5.5 m（钢筋绑扎作业面），千斤顶顶出 1.125 m（便于 73 层以上层高减少后上下支撑距离的调整），见图 5-10。

2）开始上层钢筋绑扎，同时等下层混凝土达到强度后拆除模板，见图 5-11。

3）上支撑固定不动，下支撑钢梁端部伸缩机构回收，千斤顶回收 4.5 m，提动下支撑至上一层墙体预留洞部位固定，见图 5-12。

4）模板利用设置在钢平台下的导轨滑动至墙面，进行模板支设作业，见图 5-13。

5）浇筑混凝土后回到原始状态，完成一个标准流程，持续向上……

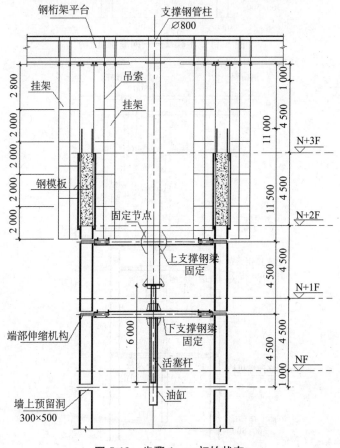

图 5-10　步骤 1——初始状态

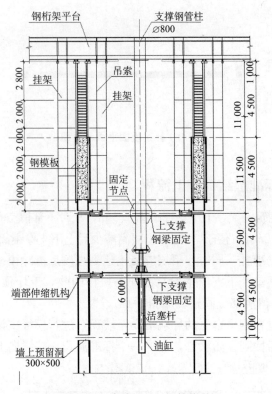

图 5-11 步骤 2——钢筋绑扎

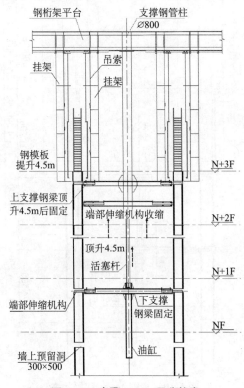

图 5-12 步骤 3——顶升状态

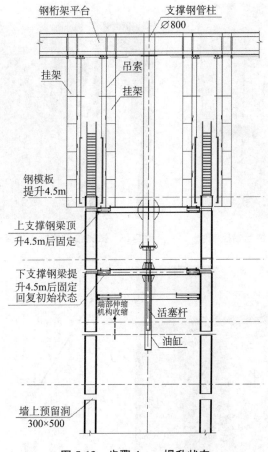

图 5-13　步骤 4——提升状态

5.3.5　模板的纠偏纠扭及垂直度控制

1）拆模后在新浇混凝土墙面上部测设出每个配模区域的模板定位起始线，见图 5-14，定位线测设基准需从测量基准点引出，模板支设时，各区域内模板安装需从起始线开始，分区域控制，防止模板整体偏扭问题。

2）每个区域内选择两块模板上口设置控制点，模板支设完成后，复核各控制点坐标，防止模板扭转问题。

3）模板支设后吊线测量模板垂直度，测量控制重点为各个大角部位及较长墙体的中间位置，每三层利用激光垂准仪复核一次，见图 5-15 和图 5-16，确保墙体垂直度。

4）发现模板偏扭后，需加测控制点，找出偏扭原因及偏扭的区域，确定调节方案，纠偏后复测。

5）利用钢平台设置临时拉杆（钢丝绳通过花篮螺栓收紧），拉住模板上口，防止混凝土浇筑过程中模板跑位，见图 5-17。

图 5-14 模板定位起始控制线

图 5-15 激光铅直仪投点检查钢模板上口偏差

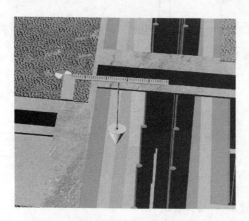

图 5-16 检查模板上口垂直度和偏差

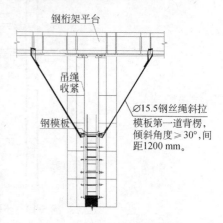

图 5-17 模板上口固定措施图

5.3.6 实施效果

该新型的模板系统应对结构变化非常灵活，尤其针对该项目墙体直、弧、斜的频繁变化，效果尤为明显；且对主要构件规格进行了标准化、工具化设计，利于周转使用，促进推广应用；应用情况良好，取得了显著的效果。

该工程于 2008 年底完成全部结构施工，施工速度快，实现平均 3 d 一层的施工速度，最快达到连续 5 层的施工速度为 2 d 一层，进度的加快也将极大地节省项目成本。

5.4 工程案例 2——广州塔项目核心筒结构模板工程施工技术

5.4.1 概述

整体自升钢平台模板体系是升板机整体提升钢平台体系的延续和发展，其研究是整个超高结构异型核心筒施工技术的核心部分，其施工质量直接影响着核心筒的成败。

该体系在原有基础上对支撑系统、脚手架系统、控制系统、施工工艺进行了重新研究和设计。支撑系统由原有单一的内筒外架支撑体系、格构柱支撑体系发展为利用结构劲性钢柱作为支撑体系；脚手架系统由最初的钢管脚手架发展为可以重复利用的工具式悬挂脚手架；控制系统由单一的电气控制发展为由计算机控制提升的数字化控制；施工工艺由竖向结构单独施工，水平结构滞后施工，发展为根据结构要求有选择性地进行竖向和水平结构的搭接施工；同时成功地解决了模板与脚手体系空中分体组合、空中转换、脚手架内移等施工难题，为混凝土核心筒施工创造了安全的施工环境和工作平台。

5.4.2　整体提升钢平台施工技术

钢平台体系的应用经历了支撑系统、脚手架系统、控制系统、施工工艺不断修改完善的过程。钢平台体系主要包括：钢平台系统、脚手架系统、支撑系统、提升系统和模板系统五个部分，见图 5-18。

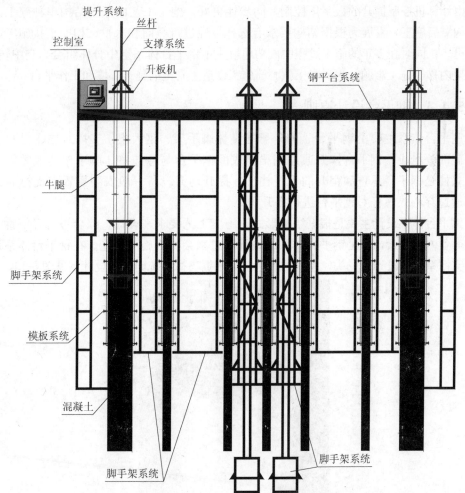

图 5-18　钢平台体系示意图

支撑系统的形式主要是根据工程特点，在满足施工工艺的前提下，综合考虑安全、可靠、经济、快速、先进、环保等因素。由单一的内筒外架支撑体系发展为格构柱支撑体系、劲性钢柱支撑体系以及几种支撑体系同时应用。内筒外架体系一般设置在核心筒井道内，属于可重复利用的支撑体系，工程一次投入之后，不随工程进展而损耗，核心筒越高越能体现其经济优势；但是内筒外架制造和管理复杂，一次性投入较大，这是其缺点，所以在东方明珠工程之后，应用较少。格构柱支撑体系是埋设在竖向结构内，工程适用性广，构造简单，施工管理方便，应用较广；但是格构柱支撑体系属于不可回收的施工设施，核心筒越高，其投入就越大，另外，在钢筋密集的结构中，格构柱和结构钢筋之间的节点处理也会很复杂。利用劲性柱作为爬升支撑柱是最新的发展成果，具有一次性投入少且不随工程进度而损耗施工设施的经济上优势，而且也不用另外考虑劲性柱和钢筋的节点处理的问题；但是该方案对技术管理的要求比较高，因为有明显的经济优势，所以一旦工程本身的条件适合，首选该方案。

脚手架系统由最初的钢管脚手架发展为可以重复利用的工具式悬挂脚手架，目前钢平台体系中所使用的脚手架一般都是固定式悬挂脚手架；控制系统由单一的电气控制发展为由计算机控制提升的数字化控制，同步性更好；施工工艺由竖向结构单独施工，水平结构滞后施工，发展为根据结构要求有选择性地进行竖向和水平结构的搭接施工，适应性更广；同时在多年的施工过程中成功地解决了钢平台体系空中分体组合、空中转换、脚手架内移等施工难题，为混凝土核心筒施工创造了安全的施工环境和工作平台。

5.4.3　钢平台设计原则

钢平台体系主要由钢平台、内外悬挂整体脚手架、钢大模、支撑立柱、提升动力设备五部分组成。钢平台体系通过钢梁组成的钢平台与悬挂整体脚手架连成整体，而支撑立柱是钢平台承重和爬升的重要构件，提升动力设备一般安装搁置在支撑立柱的顶部通过穿心式螺杆对钢平台进行提升。

钢平台体系设计主要是根据结构形式、施工工艺要求来设计，综合考虑经济性、安全性等各方面因素，但是钢平台体系的设计反过来会影响施工工艺。在钢平台体系设计中，支撑系统的设计是龙头，系统的其余部分根据支撑系统而配套设计，见图5-19。

图5-19　钢平台体系效果图

1. 悬挂整体脚手架

悬挂整体脚手架主要承受施工过程中可能产生的竖向以及侧向的冲击荷载等。悬挂整体脚手架自重以及承受的竖向荷载由脚手架吊杆传至钢平台钢梁底部，计算时按实际作业工况确定相应荷载。

2. 钢平台

钢平台由型钢梁组成，极个别的可以用桁架组成。上部根据工程需要铺设走道板。钢平台上部要求能够堆放大量钢筋，能够堆放部分施工设备，满足人员操作需要。在钢大模提升时要求能够承受相应的竖向荷载，同时能够承受悬挂整体脚手架传递的竖向荷载。

3. 承重牛腿

钢平台体系在使用过程中，通过承重牛腿将钢平台体系的荷载传递至支撑立柱。提升动力设备在提升钢平台体系时，安装在劲性钢柱顶部，通过承重牛腿将荷载传递至支撑立柱。

4. 支撑立柱

支撑立柱是钢平台体系的支撑构件，在使用阶段和提升阶段，所有的荷载最终都由其承担，支撑立柱的稳定直接影响到系统的安全。另外，如何将支撑立柱与钢平台体系有机结合是系统分析研究的重点。

5. 提升动力设备

提升动力设备是系统的动力机构，在钢平台体系提升时，安装在劲性钢柱顶部，通过穿心式螺杆对其进行提升。在此过程中，钢平台体系的荷载由提升机承受。

5.4.4　脚手架系统

根据使用位置的不同，悬挂脚手架系统分为用于核心筒外墙面的外悬挂脚手架系统和用于电梯井道墙面施工的内悬挂脚手架系统。

内外挂脚手架以螺栓固定于钢平台的钢梁底部，随钢平台同步提升。内外挂脚手架由槽钢、钢管组成框架，共 7 层，见图 5-20。上 3 层为钢筋、模板施工区；下 4 层为拆模整修区。上 6 层的走道板为角钢框架加钢板网组成，底层的走道板为角钢框架加花纹钢板组成。外挂脚手架的外侧用角钢框加钢丝网组成的侧挡板封闭。在外挂脚手架的每一层设置安全防护栏杆。在挂脚手架的底部靠近混凝土墙体处设防坠闸板，提升时闸板松开，施工时闸板闸紧墙面，防止构件坠落。

核心筒内电梯井及楼梯间等无水平结构或水平结构滞后施工部分采用内挂脚手架，内挂脚手架高度同外脚手架相同。利用核心筒内的两个电梯井安装拆分式脚手架，脚手架总高度为 31.6 m（6 个楼层高度），作为施工电梯到达钢平台的主要通道。

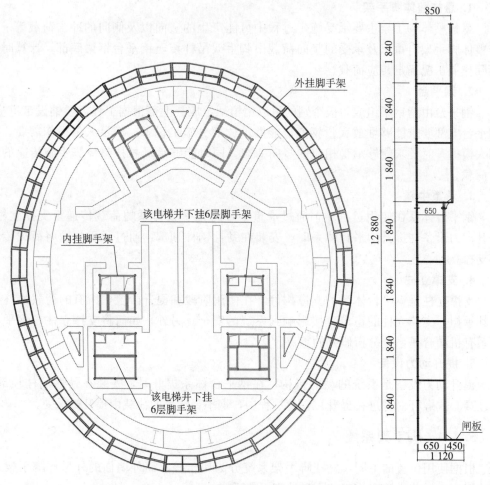

图 5-20   内外挂脚手架平面、立面示意图

5.4.5   底板的设计

底板作为整体提升脚手架的最底部走道板，除了起到施工走道和操作平台的作用外，还要兼顾对整体脚手架进行封闭的作用。底板可采用角钢焊接成框架，上面焊接花纹钢板而形成。框架两侧打孔与下部吊架底层横杆通过螺栓连接，形成装配式走道。底板内边缘应距离墙体一段距离，以便于脚手架提升过程中不与混凝土墙体碰撞。底板采用花纹钢板而非钢板网的目的是防止施工杂物等高空坠物伤人。

在底板的设计时需要考虑在底板的适当位置预留上人孔洞，以便施工人员能够从完成的结构楼面通过临时脚手架走到悬挂脚手架上。

5.4.6   钢平台支撑系统（内筒外架支撑系统）

1. 系统的构成及原理

内筒外架支撑系统作为提升整个钢平台体系的承力支柱的一部分，每根支柱上端安装一组提升机（2个电动升板机＋1个电动机），通过提升螺杆，将上部外构架、钢平台自重及部分堆载，全部传至支柱底座大梁上，再通过大梁端部的转动压力销传力于附着在混凝土墙体上的牛腿，见图 5-21。

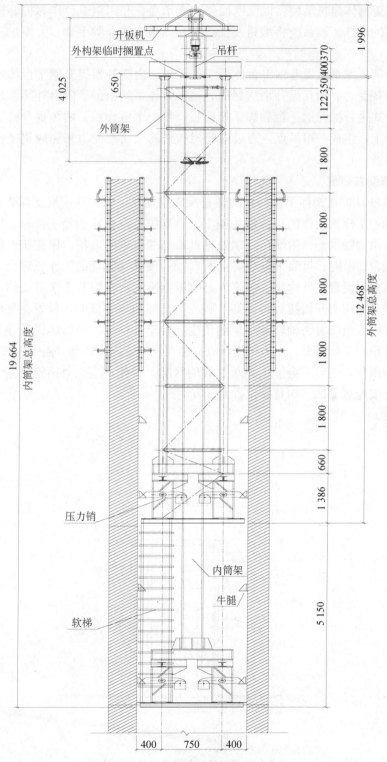

图 5-21　内筒外架支撑系统示意图

　　内筒外架支撑系统设置在核心筒中间的楼梯间位置是利用建筑筒体结构内壁并在其上增加牛腿，用以支承整个钢平台脚手架模板系统。该项工艺技术将钢平台设计成一个整体覆盖筒体建筑结构，以筒壁墙体为支承点，利用钢平台作为提升模板和悬吊施工脚手架的吊点。该系统将堆料及操作平台、施工作业脚手架、大模板三者组合为一体。

　　内筒外架支撑系统提升钢平台体系工作原理：内筒外架提升钢平台体系是通过内筒、外架交替受力、相互提升来达到提升钢平台体系的目的。内筒外架系统采用单支承双提升方式进行提升钢平台和脚手架模板。每一个电动机、两个提升机为一组固定在同一底座上，组成一组吊点。通过内筒架和外筒架交互受力来完成钢平台的提升和内筒架的提升。

2. 支撑装置研究

　　外架通过设置在架体下部的正向通过反向自动复位的钢柱内嵌支撑装置——压力销支承在附着于建筑墙体的可拆卸牛腿上。该支撑装置由压力销、销轴、框架柱等组成。该压力销的特点是，销轴孔后端的自重是前端自重的 2 倍，保证压力销在转动一定角度后能自动及时、可靠地复位，见图 5-22。该支撑装置的工作原理为，当提升外构架或内筒前，设置在外构架、内筒体上的压力销支承在附着于建筑墙体的可拆卸牛腿上，当提升外构架开始接触可拆卸牛腿或内筒体脱离建筑时，设置在外构架、内筒体上的压力销开始绕着销轴转动一定的角度，直至外构架、内筒体提升并且安全支承到位为止。根据实际需要，压力销设计成只能在规定范围内转动（通常为＜60°），并且设置了双向限位，绝对不会发生支承失效的状况。因此，当压力销处于正常支承状态时，是十分安全可靠的，而且操作省力、方便。

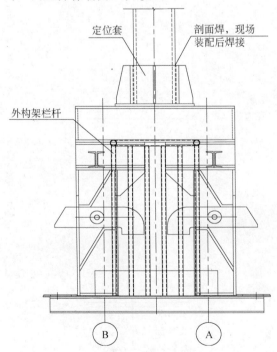

图 5-22　正向通过反向自动复位的装置

5.4.7　结构劲性柱支撑系统设计

1. 结构劲性钢柱支撑系统组成

结构劲性柱支撑体系由结构劲性柱、钢平台支撑牛腿、提升机支撑装置等部分组成。钢平台支撑劲性柱的布置和节点形式根据主体结构设计的劲性柱进行确定，选用部分或者全部劲性柱，而进一步根据劲性柱的截面确定系统的支撑形式和支撑节点。当选定的劲性柱不能满足钢平台支撑系统时，还能补充格构柱，或者内筒外架，见图 5-23。

由于格构柱和内筒外架的措施投入大于劲性柱的利用，因此应尽可能地利用劲性柱，即使劲性柱的局部断面不能满足支撑要求，那么很有可能局部加固的费用会比重新埋设格构柱更节约成本。加固的形式根据现有劲性柱的缺陷分别对待，如果是断面的强度不够，则需要对劲性柱进行加厚截面处理；如果失稳不能满足要求，则需要考虑调整截面惯性矩，或者柱中加临时支撑以减少劲性柱的计算长度；如果是变形不能满足要求，则考虑变形约束措施。

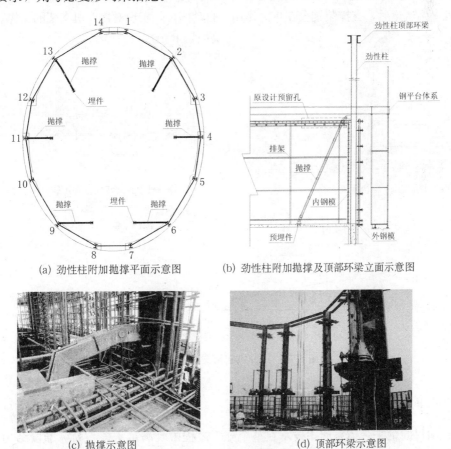

(a) 劲性柱附加抛撑平面示意图　　(b) 劲性柱附加抛撑及顶部环梁立面示意图

(c) 抛撑示意图　　　　(d) 顶部环梁示意图

图 5-23　内筒外架总装图

2. 结构劲性钢柱的提升机支座构造设计

在进行结构劲性柱的提升机支撑装置设计时需要考虑以下三个方面问题。第一方面，提升机支架在顶升过程中可以顺利通过支撑装置，提升机在受力状态下支撑装置能够承受提升荷载。第二方面，提升机支撑装置尽量能够拆卸反复利用，且拆装方便。第三方面，尽量减少由于增加支撑装置对原劲性柱结构带来的削弱。

根据以上的要求对利用劲性柱的提升机支撑装置进行了设计，见图 5-24。钢平台体系提升机支架支撑装置由两块支撑板、加强筋板、顶端连接板和销轴四部分组成，两块支撑连接板与加强板和顶端连接板焊接成整体，通过销轴与劲性钢柱进行连接。销轴既作为支撑装置的旋转轴，也作为支撑装置的主要受力构件，采用强度较高的钢材进行制作。劲性钢柱为了安装支撑装置需要在结构翼缘板上开设 35 m 左右的销孔或在劲性柱表面焊接连接耳板，通过耳板开设的销孔实现与劲性钢柱的连接。

支撑装置以销轴为中心分为前后两部分，总体成 L 型，设计时需要考虑前端的力矩应大于销轴后端的力矩，这样在正常状态下支撑装置处于水平位置。当提升机支架在上升过程中遇到支撑装置后，支撑装置会在提升机支架的顶升力作用下实现向上翻转，当提升机支架通过后，支撑装置会在重力作用下自动归位，实现对提升机支架的支撑。

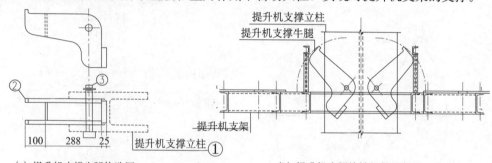

(a) 提升机支撑牛腿构造图   (b) 提升机牛腿旋转行程示意图

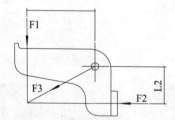

(c) 提升机支架自动翻转支撑装置受力简图

图 5-24 提升机支架支撑装置示意图

5.4.8 实施效果

该项目的钢平台体系施工技术在整个施工过程中既满足了核心筒标准段结构施工，也满足了非标准段特殊结构（核心筒顶部标高段的钢平台高空拆分）施工的需要。另外，在该工程施工中，应用钢平台体系施工实现了竖向、水平结构同步施工，降低施工风险和节约施工工期的同时加强了结构的稳定性，且施工快捷、方便、安全，较好地体现了钢平台整体稳定性好，具有系统化、工具化的特点。

第 6 章　超大型项目混凝土工程施工技术

6.1　超大型项目混凝土工程施工特点

6.1.1　概述

混凝土在超高层建筑中得到广泛应用，已经成为超高层建筑两种主要的结构材料之一，而且随着混凝土技术的不断进步，混凝土在超高层建筑中的应用范围还将日益扩大。

1. 混凝土应用高度不断突破

自 1903 年在美国俄亥俄州辛辛那提市高 65 m 的 16 层殷盖茨大厦（Ingalls Building）使用以来，混凝土在超高层建筑的应用高度不断突破。到 20 世纪末，伴随 1998 年上海金茂大厦（混凝土结构高 382.5 m）和吉隆坡石油大厦（混凝土结构高 380 m）建成，超高层建筑混凝土应用高度接近 400 m。进入 21 世纪，得益于超高层建筑的快速发展，混凝土应用高度一路攀升，2003 年香港国际金融中心建设使混凝土应用高度突破了 400 m 大关，达到 408 m。2007 年上海环球金融中心工程中混凝土应用高度达到 492 m，逼近 500 m。2008 年迪拜大厦实现了混凝土应用高度的新跨越，达到创纪录的 611 m。

2. 混凝土设计强度不断增加

随着建筑高度的不断增加，超高层建筑结构承受的荷载越来越大，对混凝土性能特别是强度性能提出了更高要求。提高混凝土强度一方面可以减少材料消耗；另一方面可以缩小结构断面，扩大建筑使用空间，提高经济效益，因此工程技术人员一直致力于实现超高层建筑混凝土高强化。

6.1.2　超高层建筑混凝土工程的施工特点

1. 材料性能要求高

超高层建筑设计和施工对混凝土材料性能提出了很高的要求。首先为了满足设计需要，混凝土必须具有良好的力学性能以及良好的体积稳定性。同时为满足施工需要，混凝土还必须具有良好的工作性能。因此超高层建筑混凝土应属于高性能混凝土。

2. 施工设备要求高

超高层建筑混凝土强度和应用高度的不断增加，对混凝土泵送设备的要求越来越高。混凝土强度增加以后，黏度明显增大，流动性下降，泵送阻力增加。同时泵送高度增加也会显著增大混凝土泵送阻力。因此随着超高层建筑的发展，混凝土泵送出口压力也由 20 世纪 70 年代的 2.94 MPa 增加到目前的 40 MPa，而且还有继续增加的趋势。另外超高层建筑体量显著增加，而业主为了降低投资成本，对施工速度要求更高了，因此对混凝土泵送速度也提出了更高要求。

3. 施工技术要求高

超高程泵送混凝土的顺利进行既有赖于工作性能卓越的混凝土材料和泵送设备，也需要先进的施工技术作保障，如泵送工艺选择和泵送管路系统设计等。故有效的施工组织和熟练的人工操作对混凝土超高程泵送顺利进行也具有重要作用。

6.2　工程案例 1——广州塔项目高强混凝土超高泵送施工技术

6.2.1　超高层泵送混凝土

1. 工程概述

广州塔项目的主塔楼钢筋混凝土核心筒总高 448.8 m，共 87 层，标准层层高为 5.2 m。竖向结构采用 C80～C45 混凝土，水平结构采用 C30 混凝土。其中 -10.0～32.8 m 采用 C80 混凝土，32.8～90.0 m 采用 C75 混凝土，90.0～121.2 m 采用 C70 混凝土，121.2～225.2 m 采用 C60 混凝土，225.2～303.2 m 采用 C50 混凝土，303.2 m 以上采用 C45 混凝土。泵送混凝土施工难度与以往的超高层结构混凝土泵送不同，不仅要考虑顶端混凝土的泵送，还要考虑底端超高标号的混凝土泵送。

2. 混凝土配合比

泵送混凝土的主要特点是流动性特大、级配良好、石子的粒径符合混凝土泵送管道内径的要求。在进行配合比设计时，可采取与常规混凝土相同的方法和步骤，但配制的混凝土拌合物必须适合泵送和不降低混凝土硬化后的质量。

为使泵送混凝土强度满足混凝土结构的需要，必须使泵送混凝土的配制强度高于设计要求的强度，具体情况应结合混凝土强度保证率和施工控制水平决定。另外，由于泵送混凝土的施工工艺要求配制的混凝土必须具有可泵性，它与水泥用量、石子大小和颗粒级配、水灰比以及外加剂的品种与掺量等因素有密切的关系。故在进行配合比设计时，还要考虑以下几个方面。

（1）水泥用量的控制

水泥是泵送混凝土的主要组成材料之一，它使硬化混凝土具有所需的强度、耐久性等重要性能，其用量多少也将直接影响混凝土泵送。虽然水泥用量多的混凝土拌合物具有良好的可泵性，但是水泥用量过多很不经济且会造成水化热过大引起开裂的危险。因此通常会掺入适量的粉煤灰以满足混凝土的可泵性。故施工中必须根据实际情况选择和控制水泥用量。

（2）坍落度取值

泵送混凝土坍落度，指的是混凝土在施工现场入泵泵送前的坍落度。泵送混凝土的坍落度，除要考虑振捣方式外，还要考虑其可泵性，也就是要求泵送效率高、不堵塞、混凝土泵机件的磨损小。

泵送混凝土的坍落度应当根据工程具体情况而定。如水泥用量较少，坍落度应当相应减小；用布料杆进行浇注，或管路转弯较多时，由于弯管接头多，压力损失大，宜适当加大坍落度；向上泵送时，为避免过大的倒流压力，坍落度也不宜过大。而为了减少对输送管道和混凝土泵的磨损，要选用坍落度较大的混凝土，但坍落度过大会引起骨料沉淀，混凝土拌合物管道中滞留时间长，泌水较多而产生离析形成堵塞。由于泵送混凝土从拌制后到泵送，中间有一段运输和停放时间，故坍落度的选择需根据现场施工情况并综合以上因素决定。

（3）水灰比

混凝土的水灰比主要受施工工作性能的控制，比理想水灰比大。这是因为水灰比大对泵送有利，但用水量一旦过大，则形成的空隙和空洞就多，会对混凝土硬化后的强度产生一定的影响。由此可见，水灰比、强度指标和混凝土可泵性对泵送混凝土来说实际上存在着互相制约的关系。因此，在泵送混凝土配合比设计时，要根据强度和可泵性来考虑水灰比。

为了保证泵送混凝土具有必需的可泵性和硬化后的强度，在同样水灰比条件下，通常可以采用减水剂的方法来提高混凝土的流动性。

（4）砂率

在泵送混凝土配合比中除单位水泥用量外，砂率也有一定的影响。较高的砂率是保证大流动性混凝土不离析、少泌水及具有良好的成型和运输性能的必要条件。因此，泵送混凝土可根据实际情况相应地适当提高砂率以增加可泵性。

广州塔项目中 C80、C70 等泵送混凝土的配合比见表 6-1，图 6-1 为泵送混凝土试验现场图片。

表 6-1　超高泵送混凝土配合比设计

混凝土标号	水胶比	配合比（水泥：水：混合材：砂：石）	含砂率/%	坍落度/mm	质量密度/（kg/m³）
C80	0.22	1：0.30：0.35：1.67：2.28	42.3	230±30	2 420
C75	0.27	1：0.46：0.72：2.34：3.23	42.1	240±20	2 411
C70	0.28	1：0.48：0.70：2.46：3.33	42.4	240±20	2 401
C60	0.31	1：0.53：0.68：2.63：3.53	42.7	240±20	2 392
C50	0.35	1：0.52：0.52：2.65：3.23	45.0	240±20	2 384
C45	0.36	1：0.53：0.45：2.43：2.97	45.0	240±20	2 367
C30	0.48	1：0.77：0.61：3.34：4.83	41	160±20	2 330

图 6-1　泵送混凝土试验现场照片

3. 泵送混凝土设计方案

根据核心筒的特点，考虑混凝土施工过程中连续性，混凝土泵送的方案为一泵一管一次直接泵送到顶的方案，同时另外设置备用泵一台，备用泵管一根。为满足高泵压大方量的施工要求，需使用特制的厚壁管，接口处使用牛筋密封圈。

底部水平泵管根据现场各施工阶段总平面情况进行设置，水平管和竖向管道的长度比例要恰当，随着核心筒的逐步升高，在一定的高度要再加设水平弯管以增加水平管的长度，调整比例，防止回泵压力过大。在该工程中，由于核心筒内的水平距离狭小，我们选择对调竖向管道位置的方法进行比例调整。

两根竖向泵管的布置选择在核心筒消防电梯前室平台的位置，见图 6-2、图 6-3。

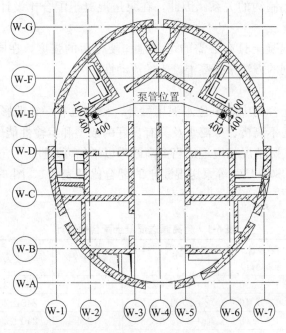

图 6-2　混凝土泵管布置示意图

（1）输送管的配备

混凝土输送管是将混凝土运载至浇注位置的设备，一般有直管、弯管、锥形管等。目前施工常用的混凝土输送管多为壁厚为 2 mm 的电焊钢管，而该工程的泵送混凝土输送管均采用管壁加厚的高压无缝钢管。输送管管段之间的连接环，具有连接牢固可靠、装拆迅速、有足够的强度和密封不漏浆的性质。有时，在输送管内壁上镀一层膜，起到光滑润壁的效果，减少泵送混凝土流动时的阻力同时延长输送管的使用寿命。

（2）输送管道的布置

1）管道经过的路线应比较安全，泵机及操作人员附近的输送管要相应加设防护。

2）输送管道应尽可能短，弯头尽可能少，以减小输送阻力；各管卡连接紧密到位，保证接头处可靠密封，不漏浆；定期检查管道，特别是弯管等部位的磨损情况，防止爆管。

3）管道只能用木料等较软的物件与管件接触支承，每个管件都应有两个固定点，各管路要有可靠的支撑，泵送时不得有大的振动和滑移，见图6-3。

图 6-3　混凝土泵送管道布置现场

4）在浇注平面尺寸大的结构物时，要结合配管设计考虑布料问题，必要时要加设布料设备，使其能覆盖整个结构平面，能均匀、迅速地进行布料。

超高结构混凝土泵送是将混凝土向高处泵送，混凝土泵的泵送压力不仅要克服混凝土拌合物在管中流动的黏着力和摩擦阻力，同时要克服混凝土拌合物的自身重力。在泵送过程中，在混凝土泵的分配阀换向吸入混凝土或停泵时，混凝土的自身重力将对混凝土泵产生一个逆流压力，该逆流压力的大小与垂直向上配管的高度成正比，配管高度越高，逆流压力越大。超高结构混凝土泵送时的逆流压力远远大于一般建筑结构，为此，在垂直向上配管下端与混凝土泵之间配置一定长度的水平管。利用水平管中混凝土拌合物与管壁之间的摩擦阻力来平衡混凝土的逆流压力或是减少逆流压力的影响。

超高结构混凝土泵送时由于结构高度非常高，需要的水平管长度相应增加，而现场场地条件往往不能满足水平管道布置的要求，地面水平管道布置的长度限制了垂直布管的高度。为了解决向更高处泵送混凝土，采取在 246 m 和 350 m 标高处加设弯管与水平管的方法，见图 6-4，从而弥补对更高段垂直管道内混凝土产生的逆流压力的平衡能力，局部逆流压力较大处可增设截止阀来防止混凝土拌合物反流。

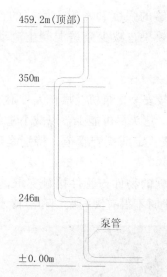

图 6-4　超高泵送泵管立面布置图

　　超高结构混凝土泵送的水平管道布置尽可能平直，对已连接好的管道高低加以调整，一般使混凝土泵处于稍低的位置为好；升高段垂直布管时，应对垂直管采取固定措施，将其与核心筒井道壁之间设置固定连接，减少泵送过程中的振动，每节管不得少于 1 个固定点，在管子和固定物之间宜安放缓冲物（垫块等）；垂直管下端的弯管下方应设钢支撑承受垂直管的重量，见图 6-5。

(a) 泵管接头　　　　　　　　　　　　　　(b) 泵管支撑

(c) 水平泵管与竖向泵管连接　　　　　　　(d) 水平泵管的固定

图 6-5　泵送混凝土泵管布置图

4. 泵送混凝土施工工艺

在混凝土泵启动后，按照水→水泥浆→水泥砂浆的顺序泵送，以湿润混凝土泵的料斗、混凝土缸及输送管内壁等直接与混凝土拌合物接触的部位。其中，润滑用水、水泥浆或水泥砂浆投入的数量根据每次具体泵送高度进行适当调整，控制好泵送节奏。

泵水的时候，要仔细检查泵管接缝处，防止漏水过猛，较大的漏水在正式泵送时会造成漏浆而引起堵管。一般的商品混凝土在正式泵送混凝土前，都只是泵送水和砂浆作为润管之用，但是我们根据超高层施工的经验，会在泵送砂浆前加泵纯水泥浆。纯水泥浆在投入泵车进料口前，先添加少量的水搅拌均匀。在泵管顶部出口处设置组装式集水箱来收集泵管在润管时产生的污水和水泥砂浆等废料，见图 6-6。

图 6-6　施工现场集水箱图片

开始泵送时，要注意观察泵的压力和各部分工作的情况。开始时混凝土泵应处于慢速、匀速并随时可反泵的状态，待各方面情况正常后再转入正常泵送。正常泵送时，应尽量不停顿地连续进行，遇到运转不正常的情况时，可放慢泵送速度。当混凝土供应不及时时，宁可降低泵送速度，也要保持连续泵送，但慢速泵送的时间不能超过混凝土浇筑允许的延续时间。当停泵时，料斗中应保留足够的混凝土，作为间隔推动管道路内混凝土之用。图 6-7 为混凝土浇筑施工现场图片。

图 6-7　泵送混凝土浇筑施工现场图片

核心筒因为面积小，直接使用硬管浇捣。在收泵时，水平硬管都已拆除，收口点就在竖向泵管周围。因此，为节约混凝土，减少污染，我们选择在混凝土后面泵送砂浆，再泵送水；上面砂浆出来后进行反泵抽吸，顶部抽空一定的长度之后，将截至阀关闭，泵车前面一段泵管拆掉，然后从顶部灌水，水灌满以后将截止阀打开放水，用顶部高速冲下的水洗净竖向泵管。洗泵时加送的水泥砂浆是防止混凝土停送后直接泵水引起堵管。

6.2.2 钢管混凝土柱施工

1. 钢管混凝土柱概况

广州塔总高 600 m，由一座高达 454 m 的主塔体和一根高 146 m 的天线桅杆构成，建筑结构是由一个向上延伸、旋转、缩放的椭圆形钢外壳不断变化生成。主塔体由钢筋混凝土核心筒、钢结构外筒以及连接两者的组合楼层组成。其中核心筒的总高度为 448.8 m，共 87 层，标准层层高 5.2 m；外筒由 24 根钢管柱、46 组环梁以及部分斜撑组成，最高处的标高为 462.7 m，见图 6-8；连接核心筒和外筒的组合楼层采用型钢梁、自承式钢模板和钢筋混凝土组合结构，共有 37 个楼层，划分为上下不连续的 5 个区域。

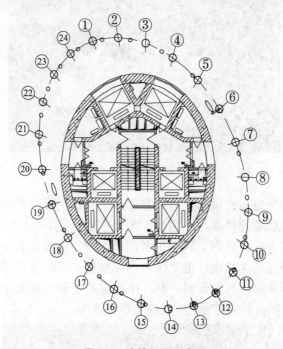

图 6-8　外筒平面示意图

24 根钢管柱在 +5.0 m 以下采用直径为 2 m 的等截面钢管，在 +5.0 m 以上则采用直径从 2 m 渐变至 1.2 m 的锥形管。每根钢管的倾斜角度约 7°，钢管壁厚从底至顶分别为 50 mm、40 mm 和 30 mm。

钢管在基础面至 126.4 m（即 12 环及以下）标高段填充 C60 混凝土，在 126.4～308.4 m（即 13 环至 33 环）标高段填充 C50 混凝土，在 308.4 m 以上（即 34 环及以上）标高段填充 C45 混凝土。其中在 14 环及以下的钢管混凝土柱浇筑时添加了减缩剂，以减少混凝土的收缩。

2. 钢管混凝土柱施工特点

（1）钢管顶部悬空，混凝土难以输送到位

24 根钢管与核心筒的连接只有 37 个楼层，大多为镂空段，且钢管安装进度快于楼板,故钢管始终处于周围无楼板的悬空状态,见图 6-9,混凝土的输送成了较大的难题。

图 6-9　钢管悬空示意图

考虑到核心筒始终领先于钢结构,起初设想利用核心筒内的泵管直接接硬管经临时通道(核心筒和钢管之间搭设临时钢梁)至钢管口,但是钢管口标高不一,钢梁搭设难度过高,而且耗材耗力、准备周期长,又存在诸多安全隐患,故该方案不具备实施条件。

如果借助 M900D 塔吊来吊运混凝土,必须得占用本身就已不堪重负的塔吊的大量时间,而且荷载较大、频率较高地吊运对代价昂贵的塔吊使用寿命的损耗也是无法估算的,该方案也未大规模的实施。

通过考察发现了一种能够附在混凝土墙壁上自动爬升的布料杆,该布料杆的特点就是能够自由爬升、分散布料、操作简便、施工效率高。于是根据工程实际长度需求,购置了两台 HGB38 油缸顶升式布料杆,该布料杆的布料半径为 38 m,附于核心筒左右两侧,见图 6-10,对准钢管口进行布料。图 6-11 为采用布料杆浇筑钢管柱混凝土的现场图片。

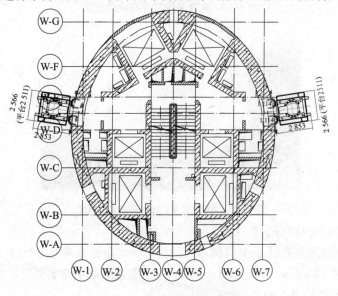

图 6-10　布料杆平面示意图

图 6-11 采用布料杆浇筑混凝土现场图片

个别无法用布料杆浇筑到的钢管柱则使用大型的料斗通过 M900D 塔吊进行驳运，见图 6-12。而对于第二环以下的钢管柱则采用 48 m 臂长的汽车泵直接布料，相对更加方便，见图 6-13。

图 6-12 钢管采用料斗布料示意图

图 6-13 钢管采用汽车泵布料示意图

（2）钢管混凝土柱泵送

钢管柱内填充的混凝土强度等级最大的为 C60，泵送高度达 126.4 m，C50 混凝土的泵送高度达到 308.4 m，加上 HGB38 布料杆臂架所用小弯管达 13 个，这对混凝土的泵送提出了较高的要求。

钢管柱混凝土的配合比设计和泵送施工工艺基本借鉴核心筒混凝土。虽然核心筒的泵送高度通常高于钢管柱 60～70 m，强度等级也低些，但是钢管混凝土柱输送的弯头大大多于筒体混凝土，也不能忽视。也为了保证高强混凝土的可泵性，最后将混凝土的坍落度控制在 240 mm±20 mm。

（3）钢管混凝土柱振捣

钢管混凝土柱浇筑的深度大多为二十多米，最深的地方曾有三十多米，使用立式手工浇捣法相当困难，故采用高位抛落无振捣法施工，即混凝土直接从布料杆口倾泻至钢管内，靠混凝土下落时产生的动能达到振实混凝土的目的（后经声测管检测显示混凝土浇筑质量均合格）。虽然一开始会担心由于钢管的轻微倾斜而无法将混凝土抛到钢管底部，而事实上只要将出料软管略微倾斜，即能将混凝土抛撒到钢管底部，从混凝土冲击时产生的声音就能清楚的分辨。

个别钢管还使用了一款 ZDN125 直联式振动器来进行振捣，该振动器的马达与偏心器设置于振动杆内，后面的电缆可无限延长。但是钢管内有环形加劲板阻碍振动器上拔，故在振动器上绑扎了一个喇叭口，以方便拔出。对于接近管口的混凝土，采用加长振动棒进行振捣。

（4）钢管混凝土柱施工安全要求

钢管混凝土柱施工时必须有操作人员在钢管口外侧控制出料软管、振捣、控制浇捣面标高，管口操作平台是必不可少的。

考虑到整个钢管外筒的稳定性以及方便后续钢管的安装，钢管内的混凝土浇筑面标高必须合理控制。浇捣高度不得超过连接件（环梁或者钢管与核心筒连接的钢梁）以上 2 m，保证混凝土的自重不会造成钢管偏位。而根据钢管安装的要求，混凝土浇筑面为钢管口以下 1.5 m 左右，保证有足够的操作空间。因此，每次浇捣前，由钢结构施工部门提供每个钢管的浇捣标高，以管口往下距离作为控制。

为了避免给下面的工序带来污染和造成安全隐患，混凝土泵管在润泵和洗泵时产生的污水和水泥砂浆等废料，不能直接往地面上倾泻，更不能往钢管内部排放。故特制了一只容量约 4 m³ 的水箱，利用塔吊将水箱预先安装于离布料杆最合适距离的钢管口的外侧，将污水及废料直接倾泻至该水箱内。

为了防止钢管内混凝土收缩后与钢管壁产生较大裂缝，在混凝土内掺加了减缩剂，该减缩剂的气味相当刺鼻，操作人员尽量站在上风处，或戴好安全面罩。

6.2.3 实施效果

1）鉴于超高结构高度的不断增加和结构设计的多样性，对混凝土的强度和性能均提出了很高的要求。该项目主要在核心筒结构混凝土泵送施工的过程中，开展混凝土泵送的试验研究。其中，C80 混凝土在超高结构混凝土泵送施工中得到首次应用，C70 混凝土最高泵送高度达 126 m。C80 和 C70 高强度混凝土的泵送在应用高度上取得了突破，实现了创新。

2）针对超高结构混凝土泵送逆流压力大的特点，通过延长水平输送管布置的长度来降低逆流压力对泵送施工的影响程度。

3）优化混凝土原材料和配合比，合理选择泵送设备和科学的布管工艺，成功地在超高结构中实现了高强度混凝土超高程泵送，创造了高强度混凝土新的泵送高度。鉴于全球超高结构的发展，混凝土的强度越来越大，使用高度也越来越高。因此，该项目中高强度混凝土的生产和施工工艺可以得到进一步推广和发展。

6.3 工程案例2——广州国际金融中心项目斜交网格钢管混凝土柱施工技术

6.3.1 概述

广州国际金融中心项目外框筒由 30 根巨型钢管混凝土柱斜交组成，共分成 17 个区域。其中构件 1～7 区混凝土强度等级为 C70，8～17 区混凝土强度等级为 C60；节点 JA～JG区混凝土强度等级为 C90，JH～JP 区混凝土强度等级为 C80，JQ 区混凝土强度等级为 C60。各区域钢管柱倾斜角度为 8.06°～17.07°（钢管柱中心线与大地垂线的夹角），见图 6-14。构件区单根混凝土浇筑量为 7～43 m³，单个节点混凝土浇筑量为 2～47 m³。

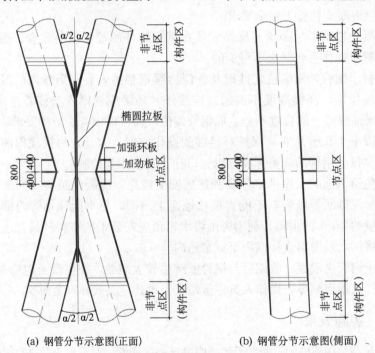

(a) 钢管分节示意图(正面) 　　　　(b) 钢管分节示意图(侧面)

图 6-14 外框筒巨型钢管混凝土柱

6.3.2 施工部署

1. 钢管混凝土柱浇筑分区

根据现场混凝土输送泵配置的数量，综合考虑钢管柱的吊装与钢管混凝土柱施工之间的工序协调、减少施工中间环节、减少各工序间产生矛盾，有效地保证工程工期，钢管混凝土柱分为 3 个区同时施工，见图 6-15。

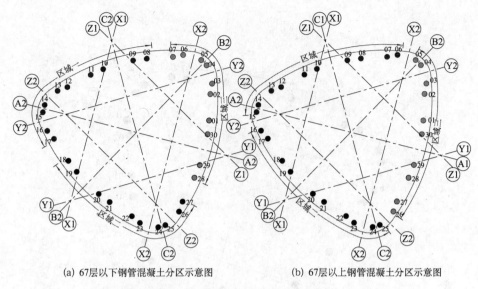

(a) 67层以下钢管混凝土分区示意图　　　　(b) 67层以上钢管混凝土分区示意图

图 6-15　钢管混凝土柱浇筑分区图

2. 钢管混凝土柱施工顺序

钢管混凝土柱浇筑顺序与钢管柱吊装顺序相反。奇数构件区域时，钢管柱采用顺时针方向吊装，混凝土采用逆时针方向浇筑；偶数构件区域时，钢管柱采用逆时针方向吊装，混凝土采用顺时针方向浇筑。

每个区分别配备一台混凝土输送泵，为减少混凝土侧压力对结构变形的影响，各个区域钢管混凝土柱同时浇筑。钢管混凝土柱浇筑顺序见图 6-16 和图 6-17。

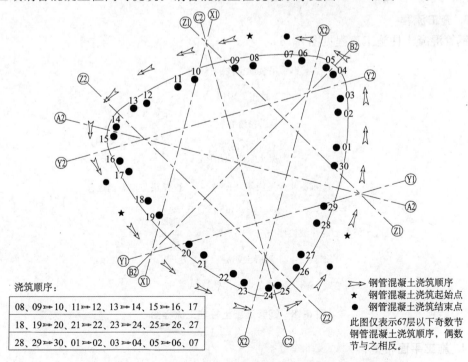

浇筑顺序：

08、09⟹10、11⟹12、13⟹14、15⟹16、17
18、19⟹20、21⟹22、23⟹24、25⟹26、27
28、29⟹30、01⟹02、03⟹04、05⟹06、07

⟹钢管混凝土浇筑顺序
★钢管混凝土浇筑起始点
●钢管混凝土浇筑结束点

此图仅表示67层以下奇数节钢管混凝土浇筑顺序，偶数节与之相反。

图 6-16　67 层以下钢管混凝土柱浇注顺序

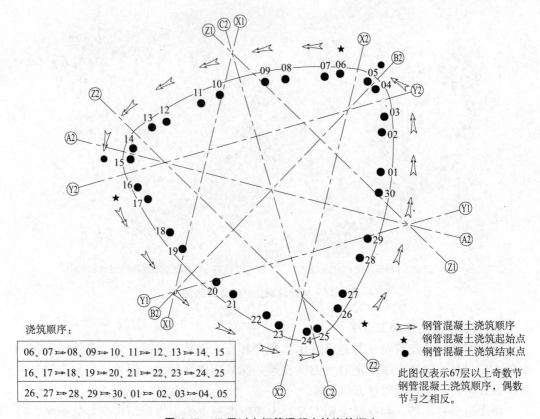

浇筑顺序：

| 06、07 ⇒ 08、09 ⇒ 10、11 ⇒ 12、13 ⇒ 14、15 |
| 16、17 ⇒ 18、19 ⇒ 20、21 ⇒ 22、23 ⇒ 24、25 |
| 26、27 ⇒ 28、29 ⇒ 30、01 ⇒ 02、03 ⇒ 04、05 |

⇒ 钢管混凝土浇筑顺序
★ 钢管混凝土浇筑起始点
● 钢管混凝土浇筑结束点

此图仅表示67层以上奇数节钢管混凝土浇筑顺序，偶数节与之相反。

图 6-17 67 层以上钢管混凝土柱浇筑顺序

3. 施工流程

钢管混凝土柱施工流程见图 6-18。

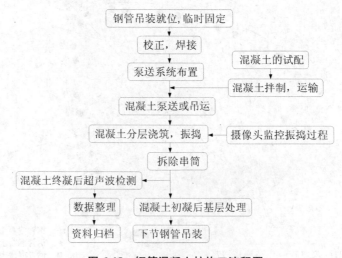

图 6-18 钢管混凝土柱施工流程图

4. 施工平面布置

67 层以下钢管混凝土柱浇筑施工平面布置见图 6-19，67 层以上钢管混凝土柱浇筑

施工平面布置见图 6-20，采用 HGY-19 型液压遥控混凝土布料机进行混凝土的浇筑，
见图 6-21。

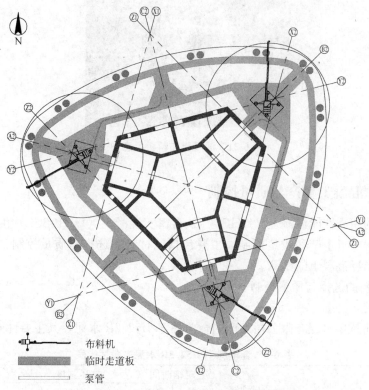

图 6-19　67 层以下钢管混凝土柱浇筑施工平面布置

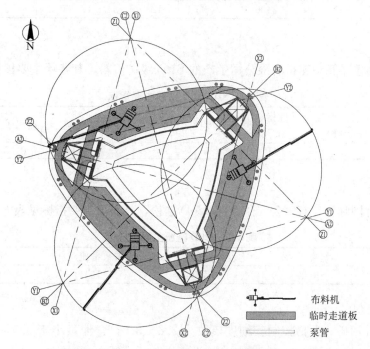

图 6-20　67 层以上钢管混凝土柱浇筑施工平面布置

图 6-21　混凝土布料机示意图

6.3.3　混凝土生产与质量控制

该工程的超高性能混凝土（UHPC）及自密实混凝土（UHP-SCC）由广东粤群混凝土有限公司负责生产和质量控制，主要包括原材料的选择与质量控制、生产过程和工艺控制、出场混凝土的检测。

1. 原材料的选择与质量控制

（1）水泥

选用广州越堡水泥有限公司生产的金羊牌 P. II52.5R 水泥，其主要性能见表 6-2。

表 6-2　金羊牌 P. II52.5R 水泥主要性能表

细度 80 μm/%	比表面积/ (m²/kg)	标准稠度/%	凝结时间		抗压强度		抗拆强度	
			初凝/ min	终凝/ min	3 d/ MPa	28 d/ MPa	3 d/ MPa	28 d/ MPa
1.2	399	24.6	96	125	34.9	60.5	6.6	9.6

（2）矿渣粉

选用济南鲁昂新型建材有限公司生产的 S105 级矿渣粉，其各项主要指标见表 6-3。

表 6-3　S105 级矿渣粉主要指标

密度/ (g/m³)	比表面积/ (m²/kg)	活性指数 7 d/%	流动度比/%	含水量/%	三氧化硫/%	氯离子/%	烧失量/%
2.94	760	123	96	0.4	0.14	0.054	2.26

（3）硅粉

选用埃肯国际贸易有限公司生产的 920D 硅粉，其各项主要指标见表 6-4。

表 6-4　920D 硅粉主要指标

烧失量/%	氯离子/%	比表面积/ (m²/kg)	需水量比/%	SiO₂/%
2.3	0.003	17 600	104	96.26

（4）细骨料

选用西江河砂，严格控制其细度模数为 2.8～3.0，含泥量小于 0.5%，不允许有泥块存在。

砂严格按细度分开堆放在骨料棚，保证同批生产混凝土用同批同一细度砂，确保混凝土质量稳定性。

生产前每批均准确测量砂含水率才安排入库，生产时严格按测定的含水率生产。

（5）粗骨料

选用大亚湾 5~20 mm 花岗岩碎石，该碎石采用反击法破碎，粒状较好，针片状含量较少，在使用时采用水洗工艺严格控制其含泥量，其主要指标见表 6-5。

表 6-5　粗骨料主要指标

表观密度/（kg/m³）	堆积密度/（kg/m³）	含泥量/%	泥块含量/%	针片状含量/%	压碎指标/%
2 700	1 490	0.3	0	3.8	4.2

粗骨料堆放在骨料棚里，确保整批石子均匀，含水率稳定，生产时准确测定含水率才入库生产。

（6）外加剂

选用广东柯杰外加剂有限公司生产的 KJ-JS 聚羧酸高性能外加剂，主要控制其减水率大于 35%，含气量小于 2.0%，其主要指标见表 6-6。

表 6-6　外加剂主要指标

减水率/%	泌水率比/%	含气量/%	抗压强度比/%		
			3 d	7 d	28 d
35.5	45	1.8	175	160	152

2. 生产过程及工艺控制

鉴于 C90 超高性能混凝土及其原材料的特殊性，生产中细小的误差都可能对混凝土的质量产生影响，因此为了保证 C90 超高性能混凝土的质量及其稳定性，根据其特点制定了一些生产过程必须严格控制的措施，主要有：

1）由于聚羧酸外加剂与萘系外加剂的相容性较差，相混时容易出现混凝土流动性变差、用水量急增、坍落度损失严重的现象，因此聚羧酸外加剂要单独存放，如要用装过萘系外加剂的容器存放时，必须将容器完全冲洗干净。生产前要先将混凝土搅拌机冲洗干净，再生产同配比砂浆。

2）装料前混凝土搅拌车都要冲洗干净，避免混合其他混凝土，影响高强混凝土质量。

3）每车混凝土出场前都由质检员检测混凝土性能，符合工地要求的才出场。

4）由于聚羧酸外加剂减水剂对水比较敏感，因此生产中必须对骨料的含水率进行准确测量，严格根据骨料含水率的变化对混凝土用水量作出相应调整。

5）严格按照配合比生产，确保计量的准确，特别是水和外加剂的计量，使其误差在允许范围内，其原材料计量允许偏差见表 6-7。

表 6-7　原材料计量允许偏差

原材料品种	水泥	集料	水	外加剂	掺合料
每盘计量允许偏差/%	±2	±3	±2	±2	±2
累计计量允许偏差/%	±1	±2	±1	±1	±1

6）严格按照搅拌工艺生产，搅拌充分、均匀，保证每盘的搅拌时间不少于 4 min。

3. 出场混凝土的检测

为了保证出场混凝土的质量，对每一车混凝土都进行倒坍落度筒的流空时间、坍落度、扩展度、强度等工作性能检测。

6.3.4 混凝土超高泵送施工

1. 混凝土泵送的管道布置与固定

超高层混凝土泵送施工中，为降低管道内的混凝土对混凝土泵的背压冲击，混凝土管道的布置应遵循的原则：

1）地面水平管的长度应大于垂直高度的1/4，即约110 m水平管道。

2）在地面水平管道上应布置截止阀。

3）在相应楼层，垂直管道布置中应设有弯道。

根据该项目的结构状况，混凝土泵送管道整体布置见图6-22、图6-23。

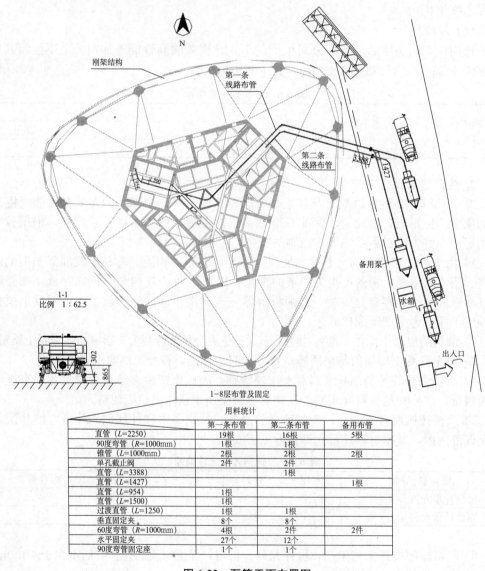

1-8层布管及固定			
用料统计			
	第一条布管	第二条布管	备用布管
直管（L=2250）	19根	16根	5根
90度弯管（R=1000mm）	1根	1根	
锥管（L=1000mm）	2根	2根	2根
单孔截止阀	2件	2件	
直管（L=3388）		1根	
直管（L=1427）			1根
直管（L=954）	1根		
直管（L=1500）	1根		
过渡直管（L=1250）	1根	1根	
垂直固定夹	8个	8个	
60度弯管（R=1000mm）	4根	2件	2件
水平固定夹	27个	12个	
90度弯管固定座	1个	1个	

图6-22 泵管平面布置图

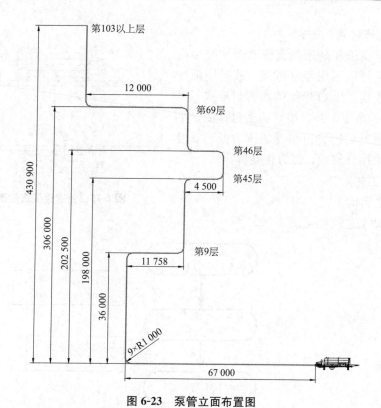

图 6-23　泵管立面布置图

2. 施工机械配备

该工程混凝土的最大浇筑高度为 437.45 m，混凝土输送泵液压系统的工作压力要求达到 22 MPa，混凝土出口压力要求达到 16 MPa。区域 5～区域 15 钢管柱混凝土选用中联重科 HBT90.40.572RS 混凝土输送泵，见图 6-24，其理论出口压力可达 40 MPa，配备 3 台混凝土输送泵，两用一备。对于区域 1～区域 4 钢管柱混凝土则采用 3 台 HBT60 型混凝土输送泵进行浇筑。设置 3 台 HGY-19 型布料机，布料半径 19 m。配备 6 个高频振动棒，3 套监控照明设备，爬梯、吊斗若干。同时，配备 GPS 全程跟踪系统，GPS 与办公系统连接随时可以了解输送泵的运转情况，防患于未然，出现问题可以随时解决。

图 6-24　HBT90.40.572RS 混凝土输送泵

3. 泵管的设计

（1）泵管直径和厚度

考虑到该工程的大部分采用 C60 以上混凝土的高强高性能混凝土，黏度非常大。管道均采用合金钢耐磨管。从泵出料口到高度 350 m 之间采用 12 mm 厚高强度耐磨 125AG 混凝土输送管，高度 350 m 以上采用 10 mm 厚高强度耐磨 125AG 混凝土输送管，平面浇注和布料机采用 125B 耐磨混凝土输送管，弯管采用耐磨铸钢，半径为 1 m、厚度不小于 12 mm 的弯管，平面浇注和布料机采用 125B 耐磨铸造弯管。

（2）管道连接密封方式

考虑到超高压和高压耐磨管道需承受很高的压力，安装好后不用经常拆装，故采用强度更好的螺栓连接，用O形圈端面密封形式，可耐100 MPa的高压，并有很好的密封性能，见图6-25。而普通耐磨管道承受的压力低，需经常拆装，故采用外箍式，以方便装拆。

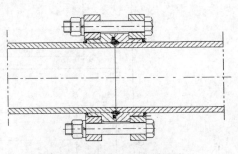

图 6-25　管道连接密封形式

4. 泵送工艺

（1）泵送启动工艺

泵送启动工艺流程见图6-26。

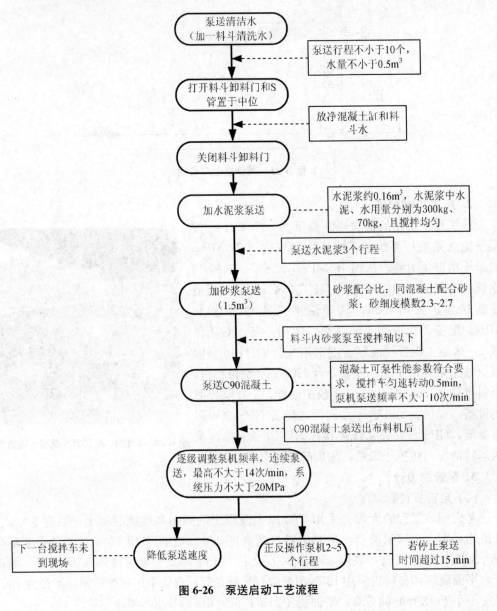

图 6-26　泵送启动工艺流程

（2）洗泵工艺

洗泵工艺流程见图 6-27 和图 6-28。

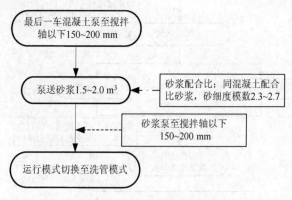

图 6-27　洗泵模式前的流程

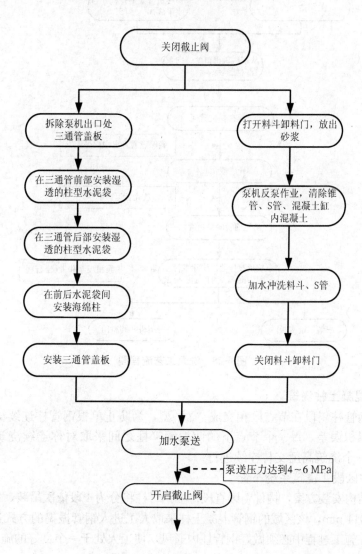

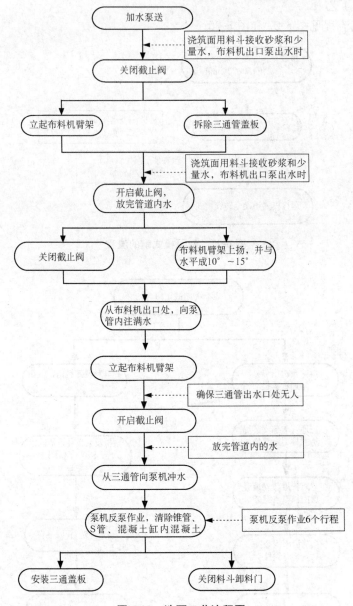

图 6-28　洗泵工艺流程图

5. 钢管混凝土柱浇筑

每两根钢管柱斜段在节点区相交成"X"型，为防止单根钢管柱连续浇筑混凝土冲击力产生的累积误差，每一个节点下的两根钢管柱之间采取对称连续浇筑，两根柱之间以 2 m 为一个浇筑高度交替连续进行。

（1）构件区段 1 浇筑系统布置

根据钢结构安装方案，构件 1 区直段每根钢管柱将分为 4 段依次吊装，每段安装长度为 3 454～4 014 mm，该区域的钢管混凝土柱采取人工进入钢管振捣的方式进行浇筑，见图 6-29。故在施工过程中必须做好钢管柱内通风，使工人处于一个良好的施工环境。

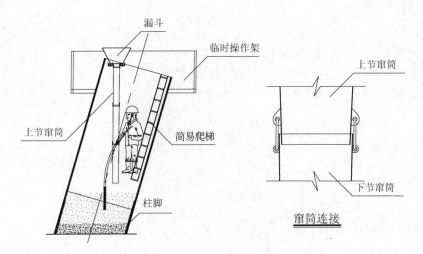

图 6-29　构件 1 区直管段混凝土施工

（2）构件 2～13 区浇筑系统布置

构件 2～13 区直管段管径较大，采用小型滑橇将振动棒固定并滑入钢管内部进行混凝土振捣，滑橇采用小型电动绞车进行牵引，见图 6-30。

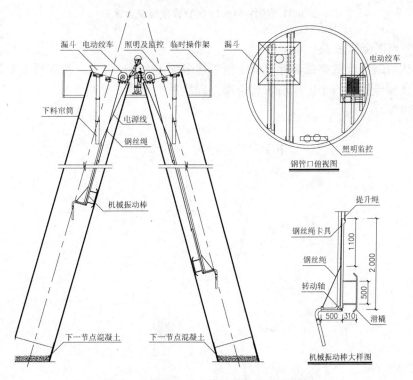

图 6-30　构件 2～13 区直管段混凝土施工

（3）构件 14～17 区浇筑系统布置

构件 14～17 区浇筑系统布置，见图 6-31。

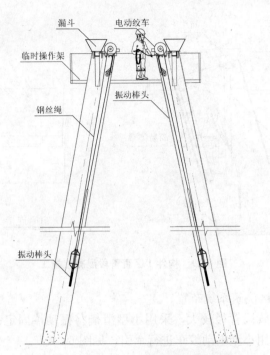

图 6-31 构件 14～17 区直管段混凝土施工

（4）节点区浇筑施工

钢管内混凝土浇筑完成面标高低于钢管接驳面 400 mm 以上，待混凝土初凝后将节点处混凝土凿毛露出石子，用清水将混凝土碎块冲洗干净，见图 6-32。

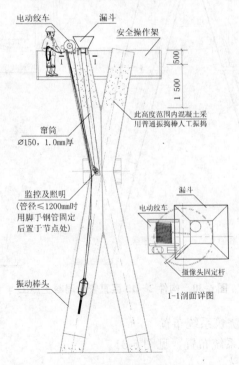

图 6-32 节点区混凝土施工

6. 施工质量控制

1）在钢管混凝土柱施工之前，进行钢管混凝土柱 1∶1 模拟施工，见图 6-33，从模拟试验的结果看，钢管混凝土柱的施工工艺可行，可以满足设计的要求。

图 6-33　钢管混凝土柱 1∶1 模拟试验现场

2）合理控制混凝土的浇筑速度，以保证混凝土的振捣质量。同一根钢管柱混凝土浇筑应该连续，分层间不得出现冷缝。

3）为保证对钢管混凝土柱质量的监控，在钢管柱内安装摄像头，对混凝土施工过程进行全面监控。

6.3.5　实施效果

该项目的钢管混凝土柱通过振捣工艺施工，效果良好，超声波抽检均符合规范要求。同时项目部还联合中联重科根据该项目混凝土超高泵送的特点，研发了混凝土出口压力为 40 MPa 的泵机，满足了 UHPC、UHP-SCC 超高（$h=411$ m）泵送的要求。

第7章 超大型项目钢结构安装施工技术

7.1 钢结构安装特点

7.1.1 钢结构安装工程特点

钢结构加工制作全部在工厂完成，施工现场作业少，现场作业机械化程度高，施工速度快，施工工期短，满足了建设单位对工期控制的需要，因此在超大型项目中应用日益广泛。钢结构工程具有以下特点：

（1）钢结构应用高度不断突破

由于钢结构具有优良的特性，因此已经成为目前超高层建筑最重要的结构材料之一，世界上许多重要的超高层建筑都或多或少地使用了钢结构。特别是钢结构往往成为超高层建筑顶部结构，因此超高层建筑高度每一次跨越常常成为钢结构应用高度新突破。从 1930 年美国纽约克莱斯勒大厦突破 300 m 高度（77 层，319 m 高），到 1973 年美国纽约世界贸易中心跨越 400 m（110 层，417 m 高），再到 2004 年中国台北 101 大厦跨上 500 m 台阶（101 层，508 m 高），最后到 2010 年阿联酋迪拜哈利法塔大厦达到 828 m，都是超高层建筑钢结构应用高度不断突破的见证。

（2）钢结构体系更加复杂

一方面钢结构要适应超高层建筑高度不断增加的新形势，通过结构体系创新提高结构抵抗侧向荷载的效率。另一方面钢结构要适用超高层建筑造型日益多样的新形势，通过结构体系创新满足建筑设计需要。因此超高层建筑钢结构体系朝更加复杂的方向发展，结构巨型化的趋势越来越明显。近年来采用巨型钢结构体系的超高层建筑不断增加，如美国纽约世贸中心 1 号楼、北京中央电视台新台址大厦主楼、上海环球金融中心、广州塔和广州国际金融中心等。

（3）钢结构构件越来越重

由于超高层建筑高度不断增加，体形日益多样，钢结构承受的荷载越来越大。为了提高钢结构构件的承载能力，除了提高钢材强度外，主要是增大钢结构构件几何尺寸。一方面，扩大钢结构构件断面；另一方面，增加钢板厚度，超高层建筑钢结构应用的钢板厚度超过 100 mm，有的达到 150 mm。这导致钢结构构件越来越重。广州国际金融中心外框斜交网格钢结构"X"形节点最长 12 m，壁厚 55 mm（节点中部椭圆拉板厚度 100 mm），重达 64 t。中央电视台新台址大厦主楼钢结构构件最大重量达到 80 t。上海中心巨型柱劲性钢结构构件重量达到 8 t/m，构件最大重量达 90 t。

7.1.2　超高层钢结构安装施工特点

超高层建筑钢结构应用高度不断突破、结构体系更加复杂、构件越来越重，使钢结构施工具有鲜明特点：

（1）施工机械要求高

钢结构安装对施工机械的依赖比较强。现代超高层建筑钢结构施工对塔式起重机等的要求越来越高。一方面要求塔式起重机具有很强的起吊能力，能够将重型钢构件吊装至所需的空间位置。另一方面要求塔式起重机具有很高的起吊效率，能够适应超高层建筑施工工期紧迫的新形势。

（2）施工工艺要求高

早期的超高层建筑体形规整，结构简单，钢结构安装比较容易，采用塔式起重机高空散装工艺安装即可。现代超高层建筑体形变化大，结构复杂，钢结构安装难度大，施工工艺要求高。在现代超高层建筑钢结构安装中，尽管塔式起重机高空散装工艺仍为主导工艺，但是对其中一些特殊结构如重型桁架、塔桅，或者少量超重构件，就必须探索更加高效经济安全的安装工艺。

7.1.3　大跨度空间钢结构安装施工特点

大跨度空间钢结构安装施工特点主要采用高空散装法、分条分块吊装法、滑移法、单元或整体提升（顶升）法、整体吊装法、折叠展开式整体提升法、高空悬拼安装法等施工方法。因此，施工前应根据结构特点和现场施工条件，制定施工技术路线——安装方法。吊装单元应结合结构特点、运输方式、起重设备性能、安装场地条件来划分，同时应采用工业化施工，减少现场作业量和高空作业量，提高施工质量。

7.2　工程案例 1——广州国际金融中心项目钢结构安装施工技术

7.2.1　概述

1. 工程总体概述

广州国际金融中心的地下室 4 层（局部 5 层），主塔楼地上 103 层（层高为 4.5/3.375 m），最大高度达 440.75 m，工程总建筑面积为 451 926m²，其主塔楼 70 层以下为智能甲级写字楼，70 层以上为白金五星级酒店。

2. 钢结构主要构件概述

主塔楼采用钢筋混凝土核心筒＋巨型斜交网格钢管混凝土柱外筒结构形式，外框楼盖采用型钢梁和钢筋桁架混凝土组合楼板，主塔楼 73～74 层设置了超大型转换桁架，见表 7-1。

表 7-1 总体结构和典型平面图

总体结构图	典型平面图
	图 1 节点层典型平面图 图 2 非节点层典型平面图

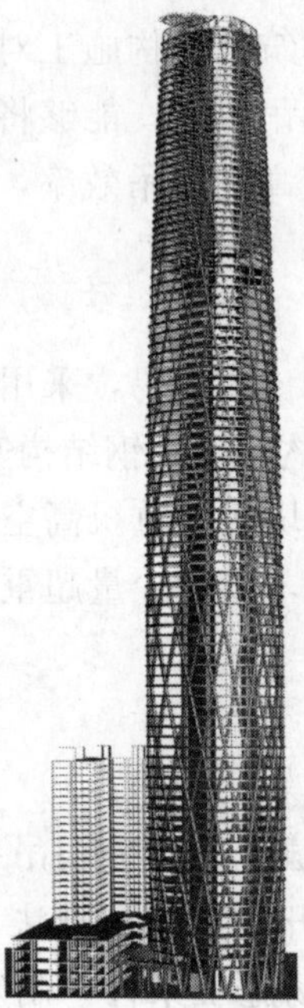

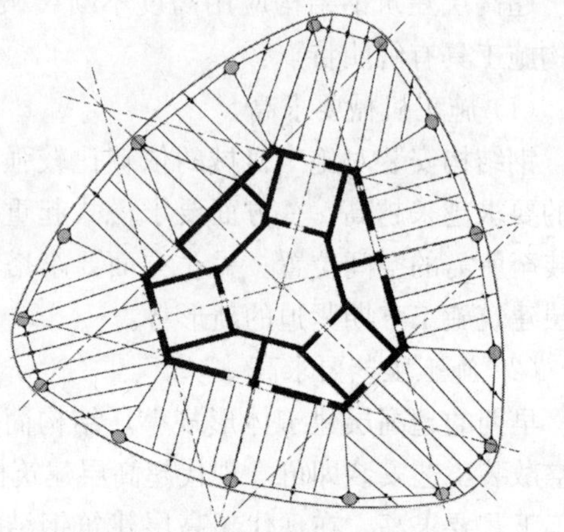

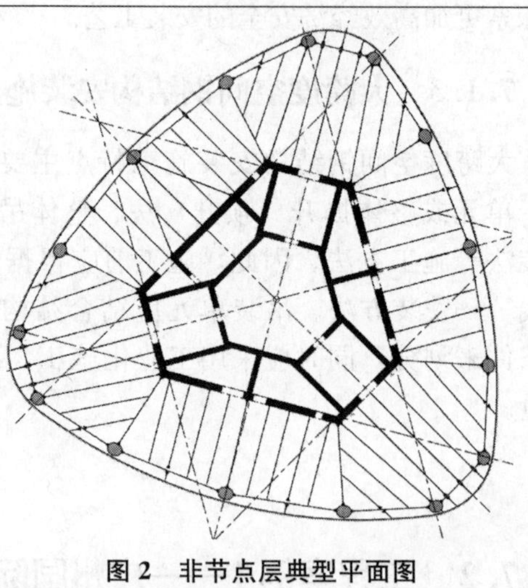

（1）主塔楼巨型斜交网格外筒钢管混凝土柱，见表 7-2。

表 7-2 主塔楼巨型斜交网格外筒钢管混凝土柱参数表

结构分布	参数			典型图例
	区域	截面尺寸/mm	材质	节点详图
	JA	∅1 800×50（55）	Q345GJCZ25	
	JB	∅1 750×50（55）	Q345GJCZ25	
	JC	∅1 700×50（55）	Q345GJCZ25	
	JD	∅1 650×50（55）	Q345GJCZ25	
	JE	∅1 600×50（55）	Q345GJCZ25	
	JF	∅1 550×50（55）	Q345GJCZ25	
	JG	∅1 500×45（50）	Q345GJCZ25	
	JH	∅1 450×45（50）	Q345GJCZ25	
	JI	∅1 400×40（45）	Q345GJCZ25	
	JJ	∅1 350×40（45）	Q345GJCZ25	
	JK	∅1 300×40（45）	Q345GJCZ25	
	JL	∅1 200×40（45）	Q345GJCZ25	
	JM	∅1 100×35（45）	Q345GJCZ25	
	JN	∅1 000×35	Q345GJCZ25	
	JO	∅900×30	Q345GJCZ25	
	JP	∅800×30	Q345GJCZ25	
	JQ	∅700×20	Q345GJCZ25	
	1	∅1 800×35	Q345B	
	2	∅1 800×35	Q345B	
	3	∅1 700×35	Q345B	
	4	∅1 650×35	Q345B	
	5	∅1 600×35	Q345B	
	6	∅1 550×35	Q345B	
	7	∅1 500×35	Q345B	
	8	∅1 450×35	Q345B	
	9	∅1 400×32	Q345B	
	10	∅1 350×32	Q345B	
	11	∅1 300×30	Q345B	
	12	∅1 200×30	Q345B	
	13	∅1 100×28	Q345B	
	14	∅1 000×26	Q345B	
	15	∅900×24	Q345B	
	16	∅800×22	Q345B	
	17	∅700×20	Q345B	

JQ 处节点

JA～JP 处节点

典型网络节点

典型网络轴测图

（2）主塔楼楼盖钢梁系统，见表 7-3。

表 7-3 主塔楼楼盖钢梁系统

结构		构件截面/mm	平面分布位置及典型图例
楼盖梁系	主梁和环梁	H800×300×25×50～ H800×300×16×24 H800×300×16×40～ H800×300×16×24	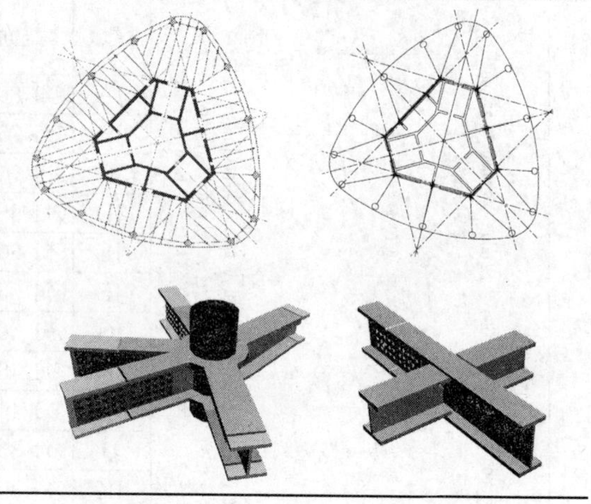
	拉梁和抗拉钢环梁	H450×400×30×50～ H450×200×20×20	
	楼盖次梁	H450×200×9×14～ H450×200×8×12 H600×250×9×12	

（3）主塔楼 73 层转换桁架及转换钢架，见表 7-4。

表 7-4 主塔楼 73 层转换桁架及转换钢架

结构	构件截面/mm	平面分布位置及典型图例
73 层转换桁架	H600×200×11×17 □800×400×50×50 □800×400×50×30	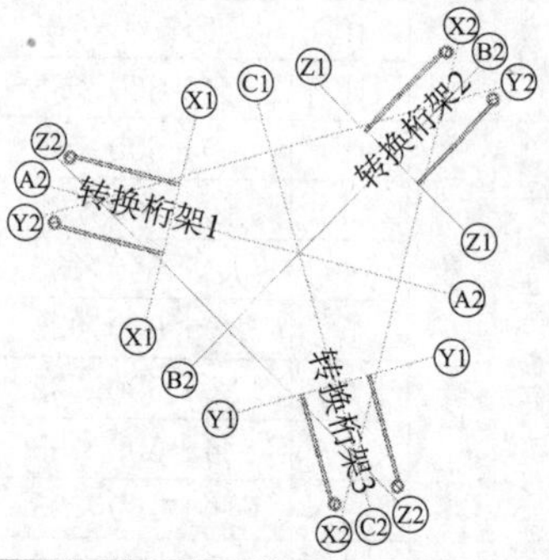 

（4）主塔楼核心筒钢结构，见表 7-5。

表 7-5 主塔楼核心筒钢结构

结构	构件截面/mm	平面分布位置	结构	构件截面/mm	平面分布位置或典型图例
核心筒钢管混凝土柱（－2～12 层）	∅600×16	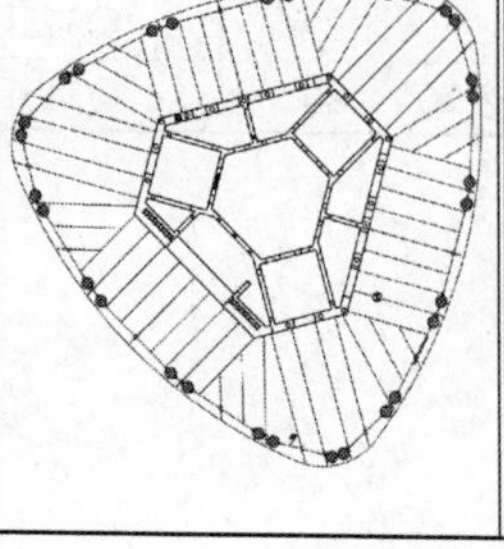	转换钢架（－2～5 层）	H800×250 H800×250	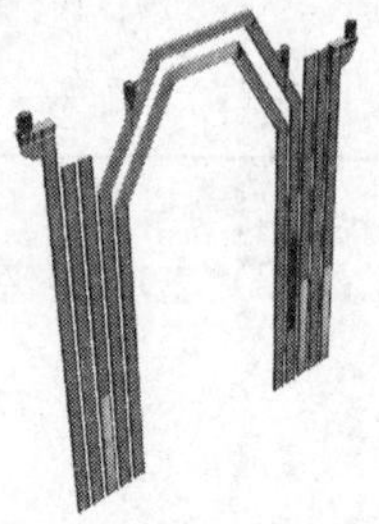

结构	构件截面/mm	平面分布位置	结构	构件截面/mm	平面分布位置或典型图例
核心筒 70～73 层钢管柱	∅850×50		核心筒 98 层～顶层箱型钢柱	□300×450	

（5）主塔楼天面停机坪钢架，见表 7-6。

表 7-6　主塔楼天面停机坪钢架

结构	构件截面/mm	典型图例
天面停机坪钢架	□500×200 H500×200～H200×150	

7.2.2　钢结构工程主要施工的重点和难点

1. 外筒斜交网格钢构件的分段控制

由于该项目钢结构施工主要采用三台 M900D 动臂式塔吊分段散件吊装，塔吊的最大起重量为 64.0 t。由于部分外筒斜交网格节点处于最大起重能力半径以外，分段需特殊考虑。按照起重性能和焊接操作空间，对外筒柱合理分段以控制重量是工程施工组织的关键点。

2. 巨型钢构件的预拼装检验验收

该项目钢结构外筒为巨型斜交网格钢管柱体系，每个网格交接点就是一个复杂多变、形态各异、体量巨大、多点对位的空间巨型构件。该巨型构件的超高空安装需要解决空间多点对位、高空精确定位的问题。在钢构件的加工制作各道工序严格精度控制的基础上，为检验制作的精度，以便及时调整、消除误差，减少现场特别是高空安装过程中对构件的安装调整时间，对外筒节点、斜钢柱及环梁需进行工厂预拼装。通过预拼装技术进行复核验收是重点。

3. 超长、超宽、巨型构件的高空安装施工

主塔楼外筒斜交网格钢管柱竖向分成 17 节，每节有 30 根直管段和 15 个"X"形节点。直管段钢柱的最大宽度约 3 m、最大长度约 17 m，"X"形节点最大宽度约 4.3 m、最大长度约 13 m，构件最大重量达到了 64 t。外筒斜交网格钢管柱的安全、精准、快捷吊装是施工难点。

4. 高空恶劣施工环境下复杂厚板节点的焊接质量保证

主塔楼外筒斜交网格钢管柱直径从底部的 ∅1 800 mm×50（55）mm 过渡为顶部的 ∅700 mm×20 mm，最大壁厚 55 mm，材质为 Q345B、Q345GJC。同时，广州具有的典型亚热带季风性气候，特别是 200 m 以上超高空风大、雾大、湿度重、施工环境恶劣，对钢结构现场高空焊接质量影响极大。焊接质量控制也是必须攻克的难点。

7.2.3 超高层巨型斜交网格钢管柱安装技术

1. 外筒斜交网格钢构件的分段控制技术

（1）分段原则

外筒钢结构复杂，且管径大、重量重，分段需考虑相关因素，见表 7-7。

表 7-7　钢构件分段相关因素分析表

序号	控制因素	因素分析	内容
1	构件运输要求	单根构件出厂最大尺寸：18 m（长）×4.3 m（宽）×3.2 m（高）	总体限制
2	塔吊起重性能	M900D 塔吊最大起重量 64.0 t，构件不得超过塔吊最大起重量	总体限制
3	节点超重	因角节点重量部分在 M900D 塔吊起重能力边缘，应控制构件区长度保证节点不超重	构件区长度下限
4	焊接作业面	因节点相交呈"X"形，驳接面离节点越近，支腿间净距越小，应控制构件区长度保证充足焊接作业面	构件区长度上限
5	楼盖梁系	因各节点连有楼盖梁系（地下室部分为混凝土梁），分段驳接面不应在梁高范围内	构件区长度区间限制
6	焊接工作量	在满足运输及安装要求前提下，尽量减少现场焊接作业量	总体限制
7	其他因素	应综合考虑现场土建与钢结构间关系，如提模架对钢结构安装影响	总体限制

（2）分段重量

M900D 塔吊最大起重量 64.0 t，部分"X"形边节点处于最大起重能力半径外，分段需特殊考虑，各层节点工况分析见表 7-8。

表 7-8　各层节点工况分析

节点 层数、标高		角节点/t		中节点/t		边节点/t	
		最大起重量	实际重量	最大起重量	实际重量	最大起重量	实际重量
JA（L1）	−0.50 m	64.0	62.84	64.0	46.08	46.6	41.12
JB（L7）	26.40 m	64.0	75.30（62.0）	64.0	52.16	64.0	46.10
JC（L13）	53.40 m	64.0	59.35	64.0	41.72	46.6	42.00
JD（L19）	80.40 m	64.0	60.15	64.0	44.76	64.0	43.25
JE（L25）	107.40 m	64.0	51.42	64.0	40.05	46.6	39.97
JF（L31）	134.40 m	64.0	53.41	64.0	41.45	64.0	39.48
JG（L37）	161.40 m	64.0	42.06	64.0	32.12	45.0	22.41

层数、标高	角节点/t		中节点/t		边节点/t	
节点	最大起重量	实际重量	最大起重量	实际重量	最大起重量	实际重量
JH（L43）188.40 m	64.0	43.85	64.0	34.56	64.0	32.87
JI（L49）215.40 m	64.0	34.56	64.0	32.38	46.6	28.11
JJ（L55）242.40 m	64.0	36.36	64.0	28.62	64.0	28.29
JK（L61）269.40 m	64.0	33.08	64.0	25.30	46.6	27.59
JL（L67）296.40 m	64.0	32.04	64.0	25.80	64.0	25.04
JM（L73）323.40 m	64.0	26.77	64.0	19.35	49.2	19.45
JN（L81）350.40 m	64.0	21.13	64.0	18.89	62.3	17.25
JO（L89）377.40 m	64.0	15.61	64.0	13.17	53.2	13.10
JP（L97）404.40 m	64.0	14.16	64.0	13.33	62.7	11.85
JQ（TOP）432.00 m	64.0	3.63	64.0	4.91	55.9	3.88

（3）超重节点处理

角节点 JB 最重达 75.3 t，超出塔吊最大起重性能，需再分段处理，见表 7-9，分段在加工厂进行。

表 7-9　超重节点处理

示意图	特征		示意图
	重量/t	75.3	
	长度/mm	14 600	
	宽度/mm	4 856	
	高度/mm	4 770	
处理前 75 t			处理后重 62 t

2. 巨型钢构件的预拼装检验验收

预拼装主要目的是检验制作的精度，以便及时调整、消除误差，从而确保构件现场顺利吊装，减少现场特别是高空安装过程中对构件的安装调整时间，有力保障工程的顺利实施。通过对构件的预拼装，及时掌握构件的制作装配精度，对某些超标项目进行调整，并分析产生原因，在以后的加工过程中及时加以控制。针对该工程外筒结构特点，采用计算机预拼装与工厂实物预拼装相结合的预拼装方案。

（1）实体预拼装

选取三个具有代表性的拼装单元为例，见图 7-1，工厂实物预拼装即采用循环全预拼装进行。以节点 JB、JC、JD 之间的预拼装为例，将该网格单元分为三部分，每部分的预拼装分三个拼装单元进行，依次按拼装过程 1→拼装过程 2→拼装过程 3 进行外框筒的预拼装，见图 7-2～图 7-4，其他节点间的拼装单元与此类似。图 7-5 为拼装现场实例。

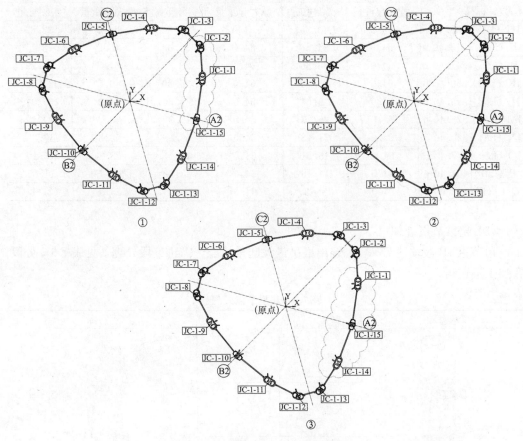

图 7-1 预拼装单元平面布置图

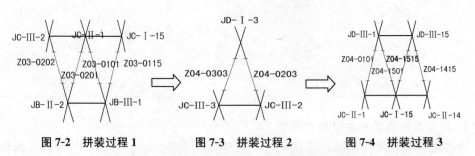

图 7-2 拼装过程 1　　图 7-3 拼装过程 2　　图 7-4 拼装过程 3

图 7-5 拼装现场照片

（2）计算机模拟拼装

鉴于钢构件体量较大，构件最重达 64 t，利用全站仪实现计算机预拼装具有较大的经济意义。具体步骤见表 7-10。

表 7-10　计算机模拟拼装步骤

第一步：利用全站仪进行节点实际测量，最终得到表面的三维几何数据。 	第二步：节点在计算机中三维重现。以设计轴线为定位基准线，在计算机上重构三维模型。 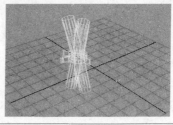
第三步：与设计模型对比，分析与设计模型的偏差，纠偏。实物纠正完后再次扫描，调整无误后，才可进入下一步构件的制作流程。 	第四步：循环进行上述步骤，完成所有节点和钢管的模型预拼装。 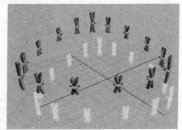
第五步：通过组合后测量，调整误差。 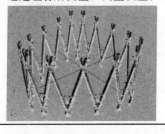	

3. 超长、超宽、巨型构件的斜交网格钢构件高空安装施工技术

（1）安装总体思路

该工程斜交网格外筒钢结构主要采用三台 M900D 塔吊分段散件吊装，钢柱分节点柱和非节点柱（即直段）两种形式，三台塔吊分区作业，钢柱吊装至就位位置后，安装上临时连接钢板和高强螺栓，通过千斤顶等调节措施，并及时连接钢柱上主次钢梁及环梁，在全站仪观测下，完成钢柱校正并焊接，然后浇筑钢管内混凝土。

钢结构在平面上的安装顺序为奇数节按顺时针方向安装，偶数节按逆时针方向安装；在立面上，钢柱按从下而上，钢梁按先主梁上层后下层、次梁先下层后上层的顺序进行安装。

按设计要求，待结构封顶后，对拉梁翼缘与节点对接焊缝以及桁架抗拉（压）节点进行焊接。

（2）施工立面和平面分区，见图 7-6 和图 7-7

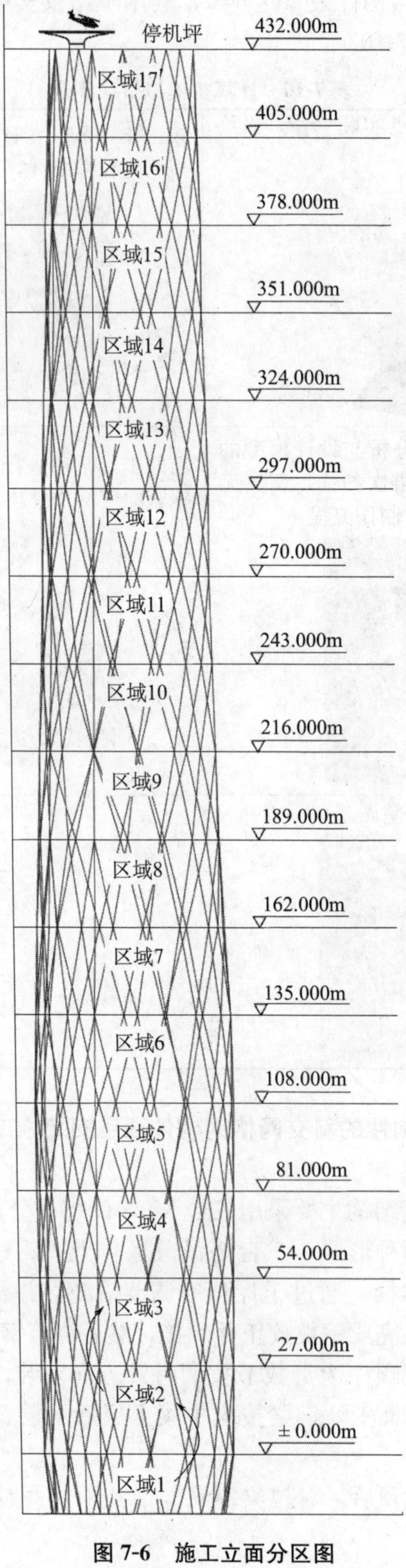

停机坪 ▽432.000m

区域17

▽405.000m

区域16

▽378.000m

区域15

▽351.000m

区域14

▽324.000m

区域13

▽297.000m

区域12

▽270.000m

区域11

▽243.000m

区域10

▽216.000m

区域9

▽189.000m

区域8

▽162.000m

区域7

▽135.000m

区域6

▽108.000m

区域5

▽81.000m

区域4

▽54.000m

区域3

▽27.000m

区域2

▽±0.000m

区域1

图 7-6　施工立面分区图

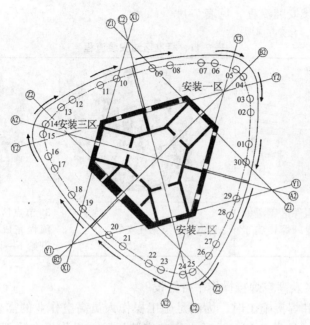

图 7-7　施工平面分区图

（3）斜交网格外筒钢结构施工工艺流程

典型标准区域钢结构施工，一个区域钢结构施工，分为构件区和节点区两个部分施工，其流程见图 7-8。

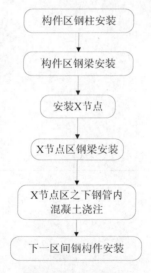

图 7-8　斜交网格外筒钢结构施工工艺流程图

（4）标准区域安装流程，见表7-11

表7-11　标准区域安装流程

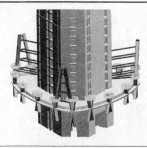	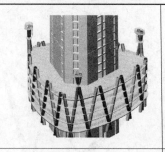	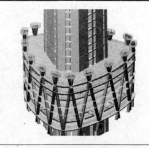
1. 直管段钢柱、构件区钢梁安装，并在钢柱对接口焊接施工完成后浇注混凝土	2. "X"节点钢柱安装	3. 节点区钢梁安装，本区域流程完成，待浇注混凝土后开始下一区域施工

（5）钢柱安装及高空焊接操作平台搭设

钢构件吊装和焊接施工时，为满足施工操作人员高空作业的需要，必须在相应位置设置操作平台，见表7-12。为减少高空安装风险，操作平台主要构件在地面组装，然后起吊。图7-9为操作平台现场实例。

表7-12　钢柱安装及高空焊接操作平台

吊装前搭设操作平台主要骨架	吊装后完成操作平台搭设
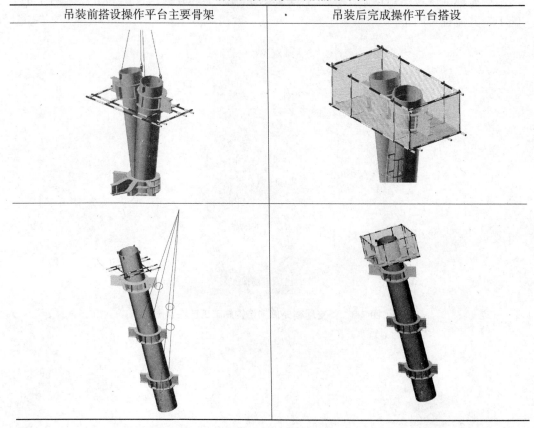	

图 7-9　现场搭设钢柱上钢管操作平台实例

（6）巨型斜钢柱加强型临时连接节点自稳定吊装技术

主塔楼外筒斜交网格钢管柱竖向分成 17 节，每节有 30 根直管段和 15 个"X"形节点。"X"形节点最大宽度约 4.3 m、最大长度约 13 m，构件最大重量达到了 64 t。直管段钢柱的最大宽度约 3 m、最大长度约 17 m，构件最大重量 39 t，钢管柱中心线与铅垂线间的最大夹角约 17°。在若干根钢柱和钢梁形成小范围稳定体系前，由于构件自重、风荷载、施工荷载的共同作用，巨型斜钢柱均存在较大的倾覆弯矩。

为抵抗此倾覆弯矩，传统的做法是采用缆风绳或钢支撑形式，但根据施工现场空间、后续工作面必须及时开展的实际情况，传统的做法难以实施，因此，采用"加强型临时连接节点自稳定吊装"技术是当前最优的选择。

"加强型临时连接节点自稳定吊装"施工技术，是在钢柱常规吊装所采用的临时连接节点基础上，经安全计算后，对临时连接节点中连接夹板和连接耳板的规格、临时连接螺栓的性能等级和数量进行加强和优化，由加强后的螺栓、连接夹板和连接耳板共同受力，抵抗倾覆弯矩，见表 7-13 和图 7-10，"加强型连接板自稳定吊装"施工技术的应用，极大地加快了钢结构安装施工速度，节省了施工成本，同时也提高了工程施工过程中的安全性。

表 7-13　加强型临时连接节点

加强型临时连接节点示例	连接板大样图
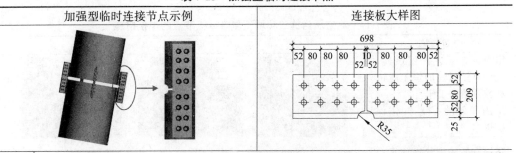	

说明	1. 一般情况下，钢柱上、下口的连接板相同设置，圆周四等分排列，根据构件实际情况适当增加； 2. 连接耳板厚 30 mm，连接夹板厚 18 mm，钢板材质均为 Q345B； 3. 孔径为 26 mm，穿 M24 的 10.9 s 高强螺栓； 4. 如连接板碰环板，则环板开缺口，确保连接板。

图 7-10 "加强型临时连接节点自稳定吊装"施工技术应用工程实例

4. 高空恶劣施工环境下复杂厚板节点的焊接技术

（1）焊接施工难点

1）单件构件焊接量大、焊接时间长、工期紧：由工程概况和钢结构工程主要施工重点和难点分析可知，主塔楼外筒斜交网格钢管柱直径为 $\varnothing 1\,800\ \text{mm} \times 55\ \text{mm} \sim \varnothing 700\ \text{mm} \times 20\ \text{mm}$，最大构件重达 64 t。

2）焊缝质量要求高：钢结构主要材质为 Q345B、Q345GJC，现场焊缝基本为一级熔透焊缝。

3）焊接工程量大：据工程完工后统计，现场焊缝总长达 115 万延长米，实际使用焊丝达 600 t。

4）高空施工环境恶劣：广州具有的典型亚热带季风性气候，特别是 200 m 以上超高空风大、雾大、湿度重、施工环境恶劣，对钢结构现场高空焊接质量影响极大。

（2）应对措施，见表 7-14

表 7-14 高空恶劣施工环境下复杂厚板节点的焊接措施

应对措施	实施图片
组织焊接工艺评定试验，进行有针对性的焊工考试和教育培训工作	
采用高效的 CO_2 气体保护焊	
搭设有效的焊接操作平台以及防风挡雨篷	
安排足够的焊工对称施焊	
焊前预热、控制层间温度	

7.2.4　实施效果

该项目用了 705 d 顺利完成了主塔楼钢结构的施工，施工过程无一例重大安全事故，建筑垂直度偏差仅 15 mm，115 万延长米焊缝一次探伤合格率为 98.90%。从 2008 年 11 月 26 日开始第 88 层钢结构安装至 12 月 25 日 103 层安装完成，一个月内完成 16 层，"两天一层"创下超高层钢结构安装施工的世界新速度。

7.3　工程案例 2——广州塔项目天线桅杆安装施工技术

7.3.1　概述

广州塔项目的天线钢桅杆分为格构段和实腹段两部分，见图 7-11。格构段自标高 453.83 m 至 550.50 m，长 96.67 m。其由 8 根钢管柱、水平环杆和斜杆组成，呈八边形，对边距由 12 m 逐渐过渡至 3.5 m。钢材主要采用 Q390GJC 高强度低合金结构钢，部分 H 型钢环杆和斜杆采用 Q345GJC。节点连接以等强焊接连接为主，部分 H 型钢连接采用高强螺栓。

实腹段自标高 550.50 m 至 610.00 m（后变更为 600.00 m），长 60.5 m，其截面形式为正四边形和正八边形，对边距 750 mm 至 2 500 mm，呈阶梯状变化。钢板厚度最大达 70 mm。钢材采用 BRA520C 高强耐候钢，焊接等强连接。

天线桅杆系统还包括部分次结构，有层间电梯井道、内外爬梯、外部平台、阻尼装置、铝合金封板、馈线架、消防水箱等。

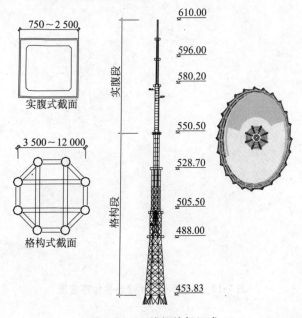

图 7-11　天线钢桅杆组成

7.3.2 天线桅杆整体提升

1. 天线桅杆提升总体思路

天线桅杆提升段高约 92 m，重约 640 t，采用"钢绞线承重，液压千斤顶集群作业，计算机同步控制"的提升安装工艺。即在综合安装的格构段顶部＋529.00 m 标高处设置提升平台，布置 20 只 50 t 级穿心式液压千斤顶作为提升设备。液压千斤顶安装在提升支架上，承重钢绞线通过液压千斤顶夹具固定下垂，然后通过钢绞线底锚与提升段底环锚固。提升时液压千斤顶、上下锚交替作业，向上提起承重钢绞线，以钢绞线传递动力，天线提升段上升，在计算机的控制下向上做连续垂直运动，直至安装至设计位置。

液压千斤顶的配置提升能力为 1 000 t（50 t×20），提升荷载即提升段重量约为 640 t，配置系数 $k=1 000/640＝1.56$；计算机可根据桅杆垂直度、千斤顶油压等多项参数实现多目标实时控制和自动连续作业。每小时提升高度 2～4 m，提升总高度约 65 m。

天线杆提升前应对组装完毕的结构和提升装置作全面的检查验收，并对提升阶段的气候条件作详细跟踪预测，选择适当的气候条件（特别是风速情况）实施提升。

2. ＋529.00 m 标高提升平台

综合安装段顶部＋529.00 m 标高处设有永久平台，见图 7-12，可作为提升平台布置提升底架、千斤顶、泵站等提升设施。为增大操作空间方便施工，临时扩大此平台。提升时千斤顶反力作用于此平台上，采用临时加固措施，见图 7-13。

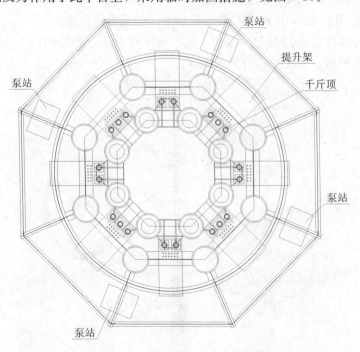

图 7-12　＋529.00 m 提升平台布置图

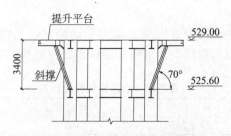

图 7-13　提升平台临时加固措施

考虑到综合安装段存在安装误差，为了保证桅杆提升到位后能够顺利安装，千斤顶的定位应以＋529.00 m标高的结构中心和方位来确定，而不用测量基准网或设计坐标确定。

3. 提升设备及计算机同步控制系统

提升设备为 20 台 500 kN 穿心式液压千斤顶，共分为 8 组，每组 2 只或 3 只，对称布置在＋529.00 m 标高提升平台上。液压千斤顶的油缸行程 300 mm。每相邻 2 组（4～5只）千斤顶配置一台泵站提供动力，每台千斤顶配有 4 根 $\varnothing$15.24 高强度低松弛钢绞线，左旋和右旋钢绞线各 2 根。每根钢绞线的破断载荷为 26 t，总共 80 根，总破断载荷为2 080 t，钢绞线的破断安全倍数为 2 080/640＝3.25，符合《重型结构（设备）整体提升技术规程》（DG/TJ08—2056—2009）（上海市）的规定。在液压千斤顶下部还设有安全锚具，一旦液压千斤顶有故障，可由安全锚锁定钢绞线，确保系统安全，再进行故障排除。

（1）计算机液压同步整体提升系统

由液压同步提升设备（主要为提升油缸、液压泵站组成）和计算机实时网络控制系统（包括电气系统）两部分组成。

（2）提升油缸

采用 500 kN 级穿心式液压千斤顶，见图 7-14。

锚具虚拟装配

主油缸虚拟装配

提升油缸实体

图 7-14　提升千斤顶模型图

（3）液压泵站

液压系统（液压泵站）是提升设备的动力驱动部分，其性能和可靠性对提升系统的性能影响极大。根据该工程特点，采用的液压系统性能见表7-15。

表 7-15 液压系统性能表

型号	额定压力	额定流量	泵站功率
JS—40	31.5 MPa	40 L/min	18 kW

共布置 4 台液压泵站，每两组千斤顶之间布置 1 台，采用间歇式的作业方式，提升速度可达 2～4 m/h。

（4）计算机实时网络控制系统

计算机系统是同步提升的控制设备，电气系统则是计算机系统与液压系统之间的联系和中介。计算机系统通过电气系统采集液压系统的工作状态和相关数据，经过运算后发出控制指令，电气系统将计算机系统的指令传递给液压系统，使液压系统按规定的程序和要求进行提升作业，图 7-15 为同步提升系统的原理图。

图 7-15 同步提升系统的原理图

同步提升的控制功能主要包括千斤顶集群动作控制（顺序控制）、吊点高差控制（偏差控制）、提升力均衡控制（偏差控制）、操作台控制以及安全控制等。

1）千斤顶集群作业的动作控制

要控制 8 个吊点 20 个液压千斤顶同步动作，主要的动作有上下锚具的紧与松，油缸的伸与缩，同时还要控制紧锚、松锚、伸缸、缩缸等各步动作持续时间的长短，保证提升载荷在上下锚具之间的平衡转换。

为此，要通过传感器不断检测锚具的状态和油缸的位置，信号输入计算机后，经判断与决策，再由计算机发出控制信号，开关锚具和油缸的电磁阀，实现集群控制。所以，这是一个位置反馈的闭环控制子系统。

2）吊点提升力的均衡控制

要保持提升的稳定可靠，必须控制提升过程中各吊点提升力，使之保持均衡。

为此，要通过传感器不断检测各提升器的荷载，信号输入计算机后，经计算与决策后，再由计算机发出控制信号，调整各吊点的动力载荷比。所以，这是一个压力反馈的控制子系统。

计算机实时控制系统可进行多目标控制，并进行加权处理。由于天线杆的垂直度有导轮导轨系统来保证，故在桅杆提升过程中以提升力均衡控制为主进行。

3）垂直度控制

当天线桅杆的重心超出提升平台（＋529.00 m）后，可采用垂直度控制。在桅杆内预设垂直度传感器，经测校和标定后使用。传感器采集的数据经计算机处理后，用以控制液压千斤顶作业。

4）操作台控制

操作台控制的功能主要是：系统的启动、停止、异常时的紧急停车；系统操作方式切换；系统工作时各类状态、参数、数据等实时信息监视；吊点偏差超限时报警，并决定采取停升、微调等措施；控制策略转换或修正；系统设定值和控制参数修正；各类图表打印；自动存储各类重要数据；历史数据查阅、分析等。

实时监控的画面：控制系统和执行系统状态图、吊点高度直方图、系统控制量直方图、偏关与控制量对比直方图、吊点平面布置图及偏差指示、偏差-时间曲线图、各吊点数据表、系统工作数据表、PID 响应曲线图、总体载荷分布图、整体平衡度分析图等。

系统操作员通过总控制台和监控计算机实施操作，整个操作控制分为顺序控制、操作控制以及偏差控制，通过计算机系统控制电路进行操作，利用传感器检测电路反馈信号，计算机收集信号后通过液压驱动电路实现顺序控制和偏差控制，见图 7-16。

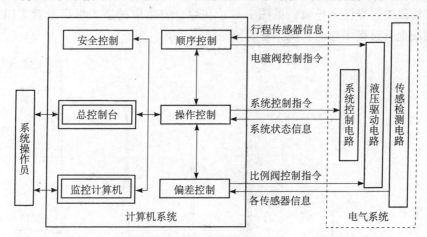

图 7-16　同步提升系统的计算机子系统原理框图

5）安全控制——防止误操作措施

电气系统设置了各种安全闭锁，防止手动误操作。

系统启动、停止、操作方式转换等均用主控台的硬旋钮，不用监控微机的键盘和鼠标，防止误触键、碰撞等引致的误动作。

软件具有各种检验算法，防止操作者修改系统参数时误操作。

6）安全控制——断点保护措施

系统控制逻辑中设置了各种互锁算法，确保在任何情况下以任何方式中断系统运行都不会引发系统紊乱。

系统的断点保护功能，确保系统不会因停电或其他硬件故障引起的中断而丢失数据。恢复供电后系统自动恢复断点现场，并能自动检测系统状态，决定从断点处恢复运行，还是从行程第一步重新运行。

7）安全控制——数据镜像备份

系统对重要数据自动作在线的镜像备份，数据损坏时自动提示，便于操作者及时发现问题，并恢复正确数据。

8）安全控制——抗干扰措施

在易受干扰的物理层面上采用抗干扰性能好的可编程控制器（PLC）。

信号线采取屏蔽措施；采取电源抗干扰措施；采取软件抗干扰措施。

9）安全控制——系统连接的可靠性

系统的连接严格按有关规范进行，并采用各种接插件，做到简捷可靠。

10）安全控制——辅助检测手段

为确保万无一失，在实际提升时采用与计算机控制系统完全独立的辅助检测手段，防止传感器和控制系统的意外故障。

7.3.3 抗倾覆导轮导轨系统

经计算，提升段天线重心位置高于提升底座底面约 30 m。为保证高重心状态下桅杆提升的稳定和抵御风荷载的可靠性，以+518.7 m 至+550.5 m、对边距为 3.5 m 的等截面格构段钢管立柱为导轨，见图 7-17，在综合安装段的适当标高设置多组可微调导轮，构成提升过程中导向和抗倾覆的导轮导轨系统。

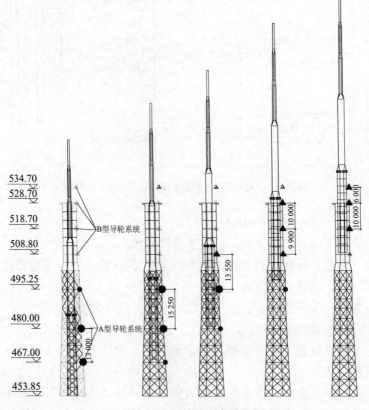

图 7-17 导轮立面布置图

导轮导轨系统的受力，主要以风荷载为主，桅杆倾斜造成的荷载为次。确定天线桅杆施工阶段抗风的施工原则、设计原则和应急措施。①施工原则：6 级风提升，即提升作业时风荷载以 6 级风（12.29 m/s）考虑。②设计原则：8 级风设计，即导轮导轨系统按 8 级风设计（18.92 m/s）。③应急措施：考虑出现广州地区 10 年一遇大风时（0.3 kN/m²）的应急措施。

经计算，第一阶段每组导轮系统（A）的荷载≤30 t，第二阶段每组导轮系统（B）的荷载≤70 t。据此进行导轮的设计。每组导轮系统由导轮和结构连接件组成，为简化设计和制作，导轮系统的关键组件——导轮，设计为统一规格，单个设计荷载为 35 t，采用直径为 200 mm 的尼龙滚轮，以保护提升段结构的防锈涂层。考虑到结构安装时存在偏差，导轮可作±15 mm 的径向调整。

A 型导轮系统布置于综合安装段内水平环梁上，B 型导轮系统布置于综合安装段钢管柱内侧，见图 7-18。两个型号系统的组件导轮相同，区别仅在于结构连接件。

图 7-18　导轮系统示意图

在布置导轮系统的每一个标高处，各设置 8 组导轮系统。每组 A 型导轮系统由一套导轮和结构连接件组成；每组 B 型导轮系统由两套导轮和结构连接件组成，其布置见图 7-19。

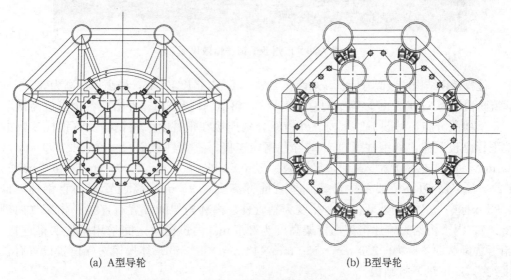

(a) A 型导轮　　　　　　　　　　(b) B 型导轮

图 7-19　导轮和结构连接件组成示意图

提升时每侧导轮系统与提升段之间留有 10 mm 间隙，保证提升段既不会倾覆，又不致卡轨。

7.3.4　实施效果

1 300 t 重，146 m 高的钢天线桅杆通过计算机辅助建筑结构施工技术、结构空间分析和控制技术、特种施工设备的应用和专项施工工艺的应用，成功安装在 454 m 的高空，顶部标高达到 600 m。在现代高耸塔桅杆钢结构施工中积累了不少宝贵经验。

7.4　工程案例 3——广州亚运馆项目大跨度空间钢结构安装施工技术

7.4.1　概述

广州亚运馆项目由综合馆、体操馆、历史博物馆组成，其主体结构为现浇钢筋混凝土框架结构，屋盖体系采用双曲空间组合钢桁架＋空腹双曲网壳结构，呈不规则的曲线形布置，最低点标高 13.82 m，最高点标高 33.80 m。体操馆钢构最大跨度达 99 m，钢结构总用钢量约 1 万 t，图 7-20 为其整体效果图。

图 7-20　广州亚运馆整体效果图

体操馆钢结构造型似海龟状，东西长 227.5 m，南北长 121 m，最高点标高为 32.5 m，建筑面积约为 31 482 m²，钢结构总用钢量 6 548 t。体操馆内、外桁架各个点位高低不一，呈曲线分布，见图 7-21。内、外桁架分别连接在钢柱上，斜钢柱及直钢柱多数由地下标高位置起，斜钢柱通过支座与直钢柱连接；直钢柱截面尺寸为 $\varnothing 1\,000$ mm×30 mm，斜钢柱部分为变截面，尺寸为：$\varnothing 600$ mm～800 mm×20 mm、$\varnothing 900$ mm～1 200 mm 等；外环桁架钢柱自基础承台面标高到 4.95 m 标高位置起为直钢柱，自 4.95 m 标高位置起到外环桁架上弦变为斜管柱。内环桁架间设置有连接拱桁架（内拱桁架），内拱桁架为单片桁架，桁架高度为 2.5 m。内拱桁架之间采用箱形次梁连接，箱形次梁截面主要为 □250 mm×530 mm×14 mm×16 mm。体操馆边端位置设置有长度约为 25 m 的悬挑结构。

综合馆钢结构造型似海豚状，东西长 246 m，南北长 76 m，最高点标高 22 m，钢屋盖体系由外围斜管柱和内部劲性柱支撑，见图 7-22。劲性柱主要为 H 型柱和十字柱子，主要截面为 H450 mm×300 mm×10 mm×16 mm 和 H400 mm×200 mm×25 mm×25 mm。屋面体系采用主次钢架连接，主次钢架间用钢拉杆连接。主钢架截面为

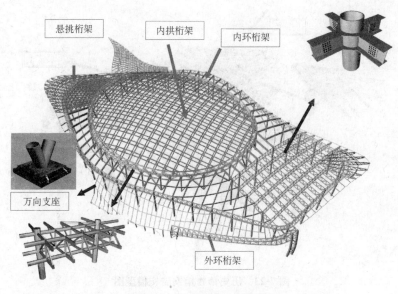

图 7-21　体操馆钢结构模型图

H1 300 mm×500 mm～700 mm×300 mm×16 mm～20 mm×25 mm～30 mm，最大跨度 34 m。次钢架截面为 H400 mm×200 mm×7 mm×11 mm。钢拉杆截面 35 mm，其材质为 650 级等强合金钢。

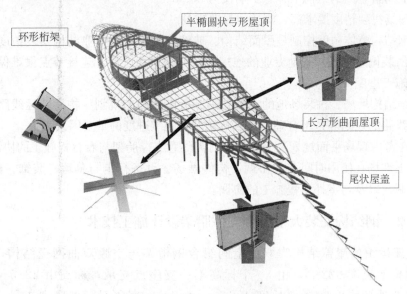

图 7-22　综合馆钢结构模型图

历史博物馆东西长 75 mm，南北长 42 mm，最高点标高为 27.2 m。整个钢结构由外围 9 根 ∅1 100 mm×30 mm 和核心筒内 8 根箱形柱支撑。前端是一个长 28 m 的半椭球状悬挑结构。整个结构为桁架和管网架混合结构，见图 7-23。

钢结构制作与安装难度大，主要体现在：

（1）工作量大。体操馆、综合馆、历史博物馆三大场馆超过 1 万 t 钢结构，构件数

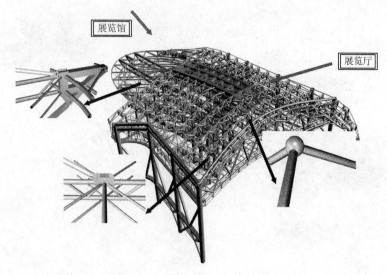

图 7-23　历史博物馆钢结构模型图

量达 2 万余件。

(2) 结构节点复杂，构件类型多。其中有管桁架、箱形桁架、铸钢节点、铰支座、万向支座、焊接球节点、H 型桁架、钢拉索等。

(3) 工期紧短。钢结构工程总工期仅为 200 d。

(4) 现场拼装精度要求高、焊接质量要求高。

(5) 钢结构整体精度控制是屋面结构、玻璃幕墙等其他专业结构安装精度的基础，若钢结构吊装偏差较大，其他专业的连接件尺寸需重新设计，连接节点很难保证质量，严重影响施工进度。

(6) 钢结构堆场、拼装场地的布置、吊车行走线路的规划、构件转运线路的设置、构件进场线路的规划等是否合理均是影响钢结构施工进度的重要因素。

(7) 在考虑现场平面规划及交通组织时需注意支撑胎架与看台板施工的协调，构件堆场与余土堆场在使用时间上的协调，构件堆场、设备行走与幕墙、装饰、机电材料堆放的协调，以及与室外工程施工的协调。

7.4.2　钢结构安装大型组合支撑胎架设计施工技术

广州亚运馆的屋盖结构为双曲空间组合钢桁架＋空腹双曲网壳结构，双曲内环形空间桁架长度 322 m，由 24 个标高不一支座点支承，标高由 22.5～27.5 m 不等；双曲外环形空间桁架长度 486 m，由 38 个标高不一支座点支承，标高由 17.0～23.0 m 不等。钢构件采用分段安装，构件连接点下为钢筋混凝土台阶式看台，给安装支撑胎架的预理和安装都带来了困难；内拱桁架分段位置在场馆的中间，安装高度在 24 m，需在场馆中间设置连续带状支撑架（11.8 m 宽、93.5 m 长、22.3～28.4 m 高）。

1. 支撑胎架方案的优化

19 榀内拱桁架沿椭圆形比赛场的短轴方向布置，最大跨度 99 m，支座点为内环桁架，内环桁架沿椭圆形比赛场周圈布置，24 个支承点标高不一。内环桁架利用 250 t 履带吊在比赛场内进行安装，根据履带吊的吊装性能，内环桁架分 24 个分段，最重为 28 t。内拱桁架分成两段，利用两台 150t 履带吊在场馆内同步进行吊装。施工顺序：内环桁架下的钢柱安装→内环桁架安装→内拱桁架安装。图 7-24 为内环桁架分段示意图。

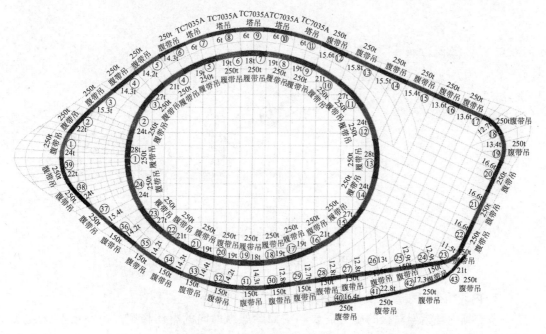

图 7-24 内环桁架分段示意图

（1）内环桁架支撑胎架的特点

内环桁架下方承重支撑架，点式支撑胎架，共设 20 个搭设点，从内环桁架典型剖面图，见图 7-25，支撑胎架有如下特点：

1）作用在支撑胎架竖向荷载大：通过工况分析，最大集中荷载为 60 多吨。

2）作用在支撑胎架还有水平力和风荷载；通过工况分析，作用在支撑胎架上还有钢构件安装时产生的水平力和风荷载。

3）24 个支承点标高不一，内环桁架为双曲环形空间桁架，支承点高度为 17.2～24.2 m 不等。

4）支撑胎架下方主要为钢筋混凝土现浇的台阶式看台。

（2）内拱桁架支撑胎架的特点

内拱桁架安装时，馆内沿椭圆长轴方向搭设 11.8 m 宽、93.5 m 长的带状支撑架以满足现场安装要求，支撑胎架有如下特点：

1）支撑胎架长度达 93.5 m。

2）通过工况分析，最大集中荷载为 45t，作用在支撑胎架竖向荷载较大。

3）通过工况分析，作用在支撑胎架上还有钢构件安装时产生的水平力和风荷载。

4）支撑胎架下方中部 70 m 为场馆底板，其余为钢筋混凝土现浇的台阶式看台。

5）支撑胎架面标高不一。

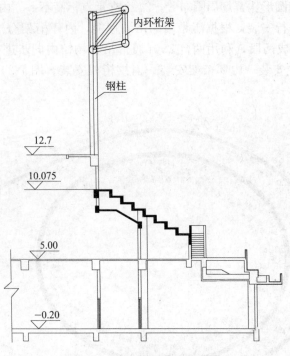

图 7-25　内环桁架典型剖面图

2. 内环桁架安装点式支撑胎架的设计

考虑到内环桁架对接的施工需要和支撑胎架纵横向的整体稳定，内环桁架安装点式支撑胎架中的 16 处支撑架搭设为 6 m×6 m 形式，4 处支撑架搭设为 12 m×6 m 形式。立杆纵距、横距 $L_a = L_b = 500$ mm，步距 1 500 mm。搭设高度为 17.2～24.2 m 不等。图 7-26 为内环桁架下方承重支撑架平面布置图。

设计的支撑承重架由上而下为：内环桁架钢构件、安装垫块和卸载千斤顶、I_{20a} 型钢网架、20 mm 厚钢板、密排 160 mm 高的枕木、双 $\varnothing 48$ mm×3.0 mm 钢管、可调顶托、钢管支撑立柱、立柱底座。图 7-27 为内环桁架下方承重支撑架典型立面图。

沿内环桁架长度方向的支撑架立杆顶部设置顶托，每个顶托上放置 2 根钢管，顶托螺杆伸出钢管顶部不大于 200 mm。内环桁架及次杆件的重量，通过型钢网架、枕木、钢板垫层将荷载传递到支撑架上，枕木规格宽×高×长为 220 mm×160 mm×2 500 mm，见图 7-28 和图 7-29。

型钢网架尺寸应满足钢结构安装临时支撑和卸载千斤顶设置等位置需要，型钢架除满足钢构件安装荷载外，还要有一定刚度，以满足钢构件安装荷载通过型钢架均匀地作用在钢管支撑上。

支撑架在纵横立面两外侧以 6 根钢管（3 m）为一单元在立面整个长度和高度上连续布置剪刀撑，斜面与地面的倾角在 45°～60°，剪刀撑斜杆必须支撑在地面上。扫地杆按距离楼层或地面 200 mm 设置，按照架体不同搭设高度设置相应的水平剪刀撑。各立杆底部加底座，纵向水平杆设置在横向水平杆上面和立杆内侧，采用直角扣件固定。对于架体高度大于 8 m 时，应在架体顶部最上的两水平杆中间加设一道水平杆。

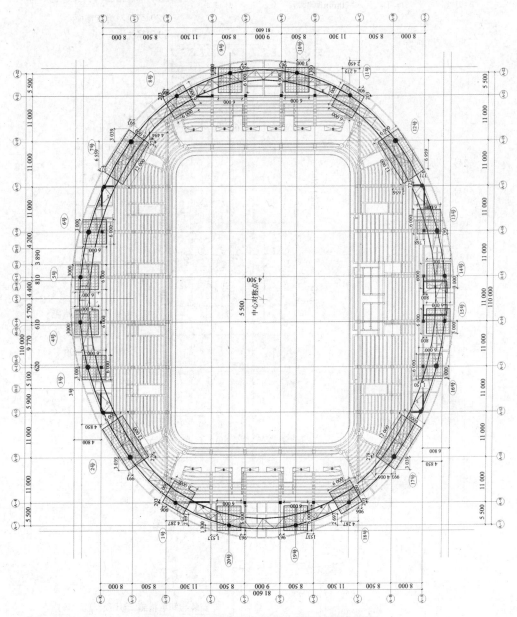

图 7-26　内环桁架下方承重支撑架平面布置图

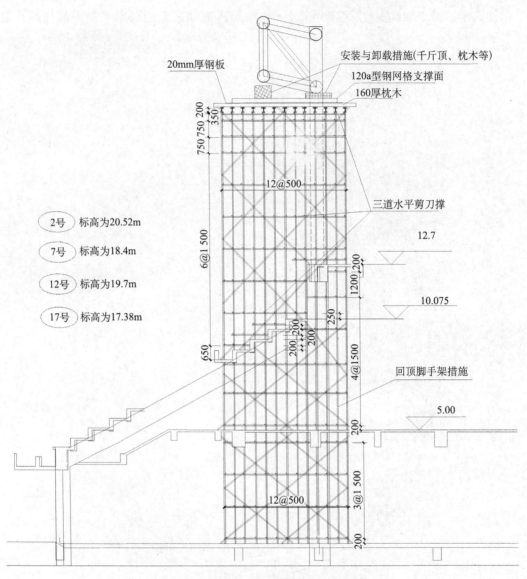

图 7-27　内环桁架下方承重支撑架立面图

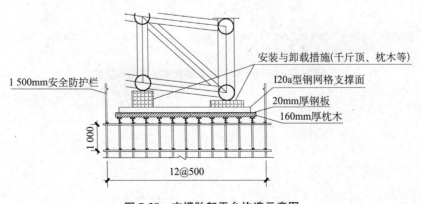

图 7-28　支撑胎架平台构造示意图

3. 内拱桁架带状支撑架方案

内拱桁架安装时，馆内沿椭圆长轴方向搭设 11.8 m 宽、93.5 m 长的带状支撑架以满足现场安装要求，见图 7-30～图 7-33。在内拱桁架对接处下方，带状支撑架沿长轴方向 5 500 mm×93 500 mm 范围内，立杆纵距、立杆横距 $L_a = L_b = 550$ mm，步距 1 500 mm。其余范围的支撑架立杆纵距 $L_a = 1 100$ mm，立杆横距 $L_b = 1 050$ mm，步距 1 500 mm。纵向水平杆设置在横向水平杆上，采用直角扣件固定，横向水平杆接长采用对接扣件连接。

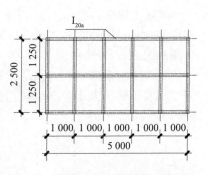

图 7-29　型钢网格平面布置示意图

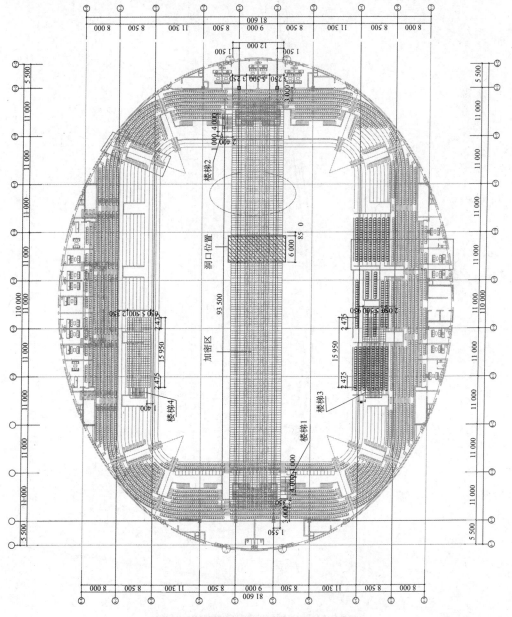

图 7-30　内拱桁架带状支撑架平面布置图

带状支撑架构造由上而下为：内拱桁架钢构件、I_{20a}抗侧型钢架、20 mm 厚钢板、密排 160 mm 高的枕木、双$\varnothing$48 mm×3.0 mm 钢管、可调顶托、钢管支撑立柱、立柱底座。图 7-34 为平台顶面构造图。

支撑架沿横向立杆的顶部设置顶托，每个顶托内放置 2 根支撑架钢管，顶托螺杆伸出钢管顶部不大于 200 mm。且应在架体顶部最上的两水平杆中间加设一道水平杆。

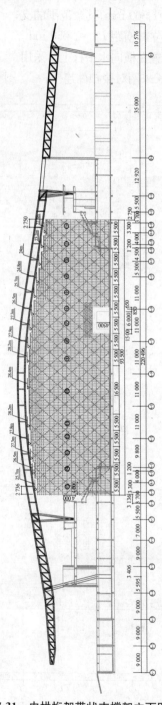

图 7-31　内拱桁架带状支撑架立面图 1

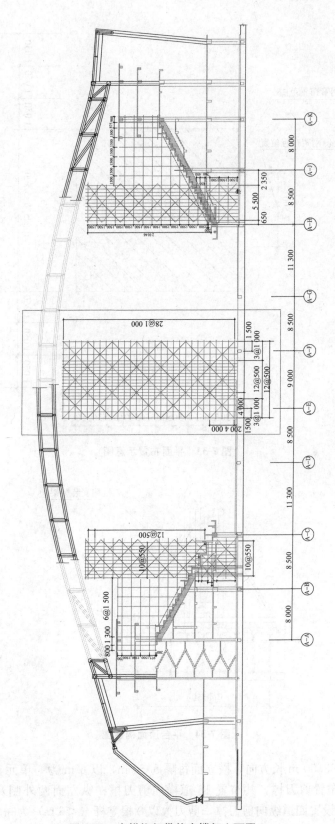

图 7-32　内拱桁架带状支撑架立面图 2

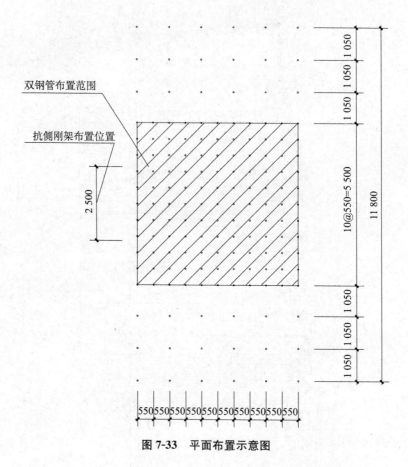

图 7-33 平面布置示意图

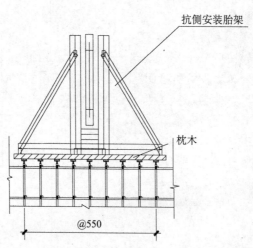

图 7-34 平台顶面构造图

支撑架沿 93.50 m 长方向，横立面每隔 5.50 m，以 6 m 为一单元在立面整个宽度和高度上连续布置剪刀撑，共布置 16 道横向剪刀撑；纵立面两外侧及加密立杆区域 5.50 m 范围共设置四道纵向剪刀撑，剪刀撑以 8 根立杆（＜6 m）为一单元在立面整个长度和高度上连续布置，斜面与地面的倾角在 45°～60°，剪刀撑斜杆必须支撑在地面上。纵向扫地杆按距离楼层或地面 200 mm 处设置，横向扫地杆采用直角扣件固定在紧靠纵向扫地杆下方的立杆上。当立杆基础不在同一高度上时，必须将高处的纵向扫地杆向低处延长两跨与立杆固定，高低差不应大于 1 m。

4. 支撑胎架的设计验算

大型组合扣件式钢管支撑胎架体系受力必须满足规范要求及其整体稳定，才可确保钢结构安装施工的质量和安全，且在施工实施过程中，通过位移和沉降监测以及计算机仿真监控实现了对其变形的控制。

（1）受力和计算要点

1）作用在钢结构安装支撑胎架上的荷载是集中荷载。

2）通过分析对比，卸荷阶段千斤顶的反力比安装阶段构件的荷载大，故取卸荷阶段千斤顶反力作为胎架设计的荷载。

3）各卸载点传力途径为：千斤顶→钢框架→钢板层→枕木层→支撑架。

4）卸荷千斤顶的反力通过型钢网架将集中荷载转换为均布荷载。

5）按照钢筋混凝土梁板模板钢管支撑计算原理进行支撑胎架设计。

6）考虑到钢构件安装过程中，对支撑胎架有一个水平作用力，加上风荷载的作用，需对支撑胎架进行抗倾覆验算。

由此可见，卸荷千斤顶的反力能否通过型钢网架将集中荷载有效地转换为均布荷载和架体抗倾覆验算是支撑胎架设计的关键。

（2）内环桁架卸载点型钢架传力性能及支撑架验算

内环桁架支撑架是体操馆的内环桁架及其次杆件的安装与卸载过程中的重要设施，内环桁架共设有 20 个卸载点。计算时选取受力最大的卸载点（卸载 650 kN），进行卸载点传力性能及支撑架验算。计算采用有限元分析软件 ANSYS 来完成。

（3）支撑架计算

按照《建筑结构荷载规范》（GB 50009—2012）、《建筑施工扣件式钢管脚手架安全技术规范》（JGJ 130—2011）、《建筑施工模板安全技术规范》（JGJ 162—2008）及荷载对最不利组合，由上而下对各个承载构件进行计算，钢管立杆验算时要按照组合风荷载和不组合风荷载两种情况进行计算。

5. 现场位移和沉降监控

为了保证整个钢屋盖安装过程的安全，避免承重支撑架出现失稳、倾覆或倒塌，故对其进行现场监测。现场选取吊装过程和卸载过程的最不利工况进行监测，以掌握控制点的位移变化，确保承重支撑架结构安全和控制点位移满足要求，确保钢屋盖安装施工满足规范设计要求。

（1）施工监测流程

布置监测点→位移沉降观测→数据成果误差分析→编写监测报告。

施工过程受支撑架自身、上部钢结构安装、施工措施、气候变化等影响，对支撑架产生的位移与沉降进行监测，及时掌握支撑架的动态，确保结构安装精度和施工安全。

（2）监测种类、频率、设备汇总表

监测种类、频率、设备的汇总见表 7-16。

表 7-16 监测种类、频率、设备的汇总

监测位置与频率	监测内容	监测方法	监测设备	
变形监测 （1次/区）	临时支撑 支撑架	水平位移 监测	全站仪与 百分表 测量	测程（一般大气条件）： 2 000 m 圆棱镜（GPR1） 角度测量精度：1″ 距离测量精度：1 mm＋ 1 ppm
			高精度型全站仪	
沉降观测 （1次/半月）	临时支撑 支撑架	沉降监测	精密水准 仪测量	每公里往返测高程精度： 0.3 mm（带测微计） 放大倍率标准：32x 补偿器设置精度：0.3″ 补偿器工作范围：±30′
			精密水准仪	
监测目的	施工过程对支撑架进行沉降和位移监测，及时获取各施工阶段支撑架的变形情况。将监测获得的数据与事先理论计算的变形数据进行比较，及时调整施工方法和措施，保证施工过程中支撑架的稳定性及安全性			

（3）支撑架的位移、沉降监测的观测点布置

钢结构安装过程中，用全站仪监测支撑架位移与沉降，记录每次测量的平面坐标，用坐标增量判定支撑架是否移位沉降。

1）内环桁架下方支撑架根据承载情况和分布位置选取两个最不利观测点：A 上部荷载最大的支撑架；B 转角处下部支撑在看台梯步的支撑架。

2）12 m 带状支撑架根据承载情况和分布位置选取两个最不利观测点：A 上部荷载最大的支撑架；B 下部支撑在看台梯步的支撑架。

3）根据支撑架的承重方式，在支撑架主要立杆上布设观测点，并做好标记。

（4）支撑架的位移、沉降监测方法

施工过程中主要采用目测和仪器监测。支撑架在钢结构的安装卸载过程中都起着一个非常重要的作用，主要监测支撑架立杆的位移和沉降，监测步骤如下：

1）支撑脚手架搭设完成后，用全站仪测量各立杆的初始状态参数。

2）根据模拟分析计算结果，在受力集中、变形大的部位布设监测点。用全站仪监测位移；在支撑架平台千斤顶附近立杆粘贴一个有利于监测的标志，用于监测支撑架管的位移与沉降。

3）安装过程时，监测每次参数变化，依此判断安装或释放过程的安全性。如发现支撑架沉降量超过计算预定值，应立即停止释放，寻找原因，采取应对措施，确保安全。

（5）支撑架的位移、沉降监测时机

监测分施工阶段及卸载阶段两个部分，钢结构每进行一个单元安装时，进行 1 次位移、沉降监测；卸载过程进行 1 次位移、沉降监测。

（6）支撑架的位移、沉降监测预警值

1）支撑沉降预警值为 18 mm；

2）支座沉降量预警值为 8 mm；

3）位移预警值为 18 mm。

7.4.3　双曲环形空间桁架安装施工关键技术

1. 概述

体操馆双曲内环形空间桁架长度 322 m，空间桁架为平行四边形，截面尺寸 2.9 m×4.0 m，平面半径为 R64～R41 m，由 24 个标高不一支座点支承，标高为 22.5～27.5 m 不等，变化较大，见图 7-35。内环桁架截面形式为平行四边形，分别由 2 根平行的上弦杆和 2 根平行的下弦杆件组成，上弦杆间通过水平连杆和斜连杆连接，下弦杆间同样通过水平连杆和斜连杆连接，上下弦杆间通过竖杆和对错弦杆间斜拉杆组成，见图 7-36。

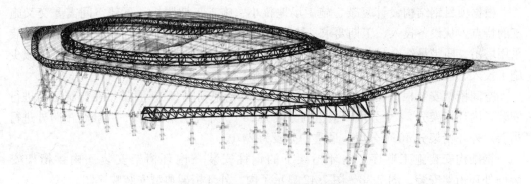

图 7-35　双曲环形空间桁架结构模型

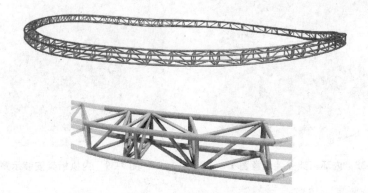

图 7-36　内环桁架结构模型

双曲外环形空间桁架长度 486 m，空间桁架由倒斜三角形、平行四边形和单片桁架组成，截面尺寸 2.3 m×2.7 m，平面半径为 R9～R79 m 不等，有 38 个标高不一支座点支承，标高为 17.0～23.0 m 不等，变化较大。外环桁架截面形式主要为倒斜三角形，由 2 根上弦杆、1 根下弦杆、上下弦杆间腹杆和上弦杆间拉杆组成。在轴线 E3～轴线 D3 区域内，外环桁架做加强处理，此位置处截面形式为平行四边形；在轴线 E6～轴线 E11 区域内，外环桁架为单片桁架，见图 7-37。

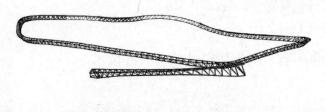

图 7-37 外环桁架结构模型

2. 双曲环形空间桁架安装技术路线

根据项目钢结构设计复杂、施工场地狭小、施工工期紧短、下部空间需要交叉施工的特点，从设备投入、工期要求、技术可行性及安装精度上综合考虑，钢结构安装采用塔吊、履带吊综合吊装及"脚手架支撑高空原位拼装工艺"的技术路线，以减少施工投入、加快施工进度、为下部空间交叉施工创造了作业面。

空间桁架安装根据履带吊的吊装性能，内环桁架利用 250 t 履带吊在比赛场内进行安装，内环桁架分 24 个分段，最重的分段为 28 t。外环桁架利用 250 t 履带吊跨外进行吊装，外环桁架分 40 个分段，最重的分段为 24 t。

钢结构安装施工顺序：内环桁架下的钢柱安装→内环桁架安装→内拱桁架安装→外环桁架安装。图 7-38～图 7-42 显示了内、外环桁架典型安装顺序图。

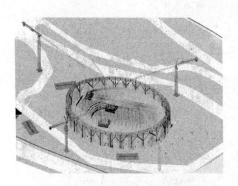

图 7-38 内环桁架安装示意图 1

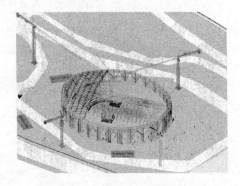

图 7-39 内拱桁架安装示意图 2

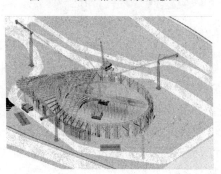

图 7-40 外环桁架安装示意图 1

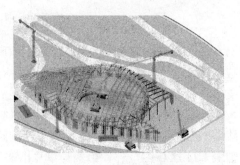

图 7-41 外环桁架安装示意图 2

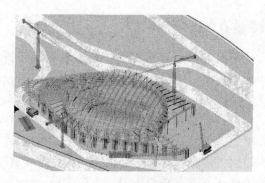

图 7-42　外环桁架安装示意图 3

3. 钢构件的工厂制作与模拟就位

（1）计算机模拟深化设计

为避免桁架高空拼装时桁架弦杆悬挑，分段点设置在节点桁架 1 m 处，上下弦点分段位置错开 1 m 以上。在工厂制作阶段，利用计算机模拟技术建立三维实体模型模拟施工过程，按照指定要求对钢结构桁架进行分段，根据输入参数自动快速生成所有的连接节点，快速、准确地自动绘制满足加工要求的深化详图和材料明细表（包括节点加工图、节点的胎架定位坐标表、现场安装定位坐标表、数控 CNC 切割参数、节点材料表、加工图、材料表、整体装配图及安装定位坐标表等），为钢构件的精确制作和后续的施工安装奠定了基础。

（2）钢构件的精确制作

数控切割、精确下料。数控 CNC 切割参数直接输入五维切割机，机器自动制作钢管相贯口，数控中频弯管，双曲钢管一次弯制到位，避免了二次弯管存在的弊端。

按照计算机模拟深化设计所确定的深化详图、钢构件尺寸、节点位置等相关参数制作和组装钢桁架的各分段。

4. 安装和校正技术

通过深化设计，确定了深化详图、钢构件尺寸、节点位置等相关参数，保证了钢桁架各分段的制作和组装精度；同时检验了相连接各分段桁架之间的匹配精度，及时发现了实际安装过程中可能出现的问题。同时，在进行现场实际安装过程中，将计算机与传统制作工艺有机的结合，利用全站仪等先进测量仪器进行现场检测，配合计算机的虚拟拟合，形成了安装过程中的模拟就位、校正技术，并给出相应的质量标准。

通过计算机建模后将桁架偏移角度转换成位置尺寸，通过测量桁架各节点的空间坐标来定位各构件空间位置。

钢构件安装的支撑搭设安装、测量校正完毕后，进行内环形桁架、外环桁架的安装。安装时，首先通过支撑胎架上面的限位板对桁架进行大体位置的粗调，然后通过全站仪对内环桁架、外环桁架构件进行精确定位（桁架杆件上面贴有测量控制点的标识）。

环形桁架下方搭设点式钢管脚手架支撑架，桁架吊装到斜钢柱位置后，利用临时螺栓固定，待校正完成后再进行焊接，割除临时连接耳板。

校正方法：在桁架分段连接部位设置 4 个千斤顶，通过调节千斤顶来调整环形桁架的位置，以满足设计要求。

7.4.4 多支腿铸钢节点安装技术

随着我国钢结构行业迅猛发展，在大型公共建筑和场馆建筑中，大跨度、双向空间结构体系将得到普遍采用，而铸钢节点在大跨度空间结构中表现出造型美观、可塑性强、受力安全合理等优点，正在逐渐被工程设计人员应用于工程设计中。然而由于铸钢件具有多根支腿，形态各异，结构复杂；而每根支腿又要与材质不同的钢构件连接，每根支腿的定位要求都非常高；在实际施工中，该多支腿铸钢件的定位往往成为一个难题。因此多支腿铸钢件的定位对于整个钢结构构件连接施工起着基础性的作用，对确保钢构件的安装精度起到非常重要的作用。

1. 概述

广州亚运馆项目中的体操馆工程采用不常见的双曲环形空间桁架结构形式，共有104个多支腿铸钢节点，其节点形状复杂、多支腿（最多12个分支，分支由不等直径钢管和矩形及方形钢管组成）、体形大（平面最大尺寸2.0 m×3.5 m，高度3.05 m，重量12.95t）、姿态各异（各支腿呈不同角度发散）。图7-43为典型铸钢节点的模型图。

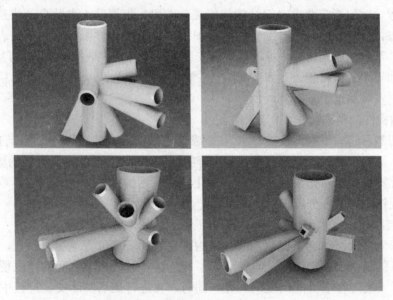

图 7-43 典型铸钢节点的模型图

2. "坐标分解法"的基本原理和方法

多支腿铸钢节点的形状复杂、各支腿呈不同角度发散，其空间定位困难。如何快速、准确地确定其空间坐标是铸钢节点安装的关键之一。为此，我们采用"坐标分解法"将复杂的空间三维定位转化为平面二维定位，从而实现测量定位的可操作性。

主要方法为在深化设计时，通过计算机的模拟，将多支腿铸钢节点各分支管口中心的坐标转化为管口表面十字可测量坐标。图7-44、图7-45分别为多支腿铸钢节点各分支管口中心的坐标转化图例。

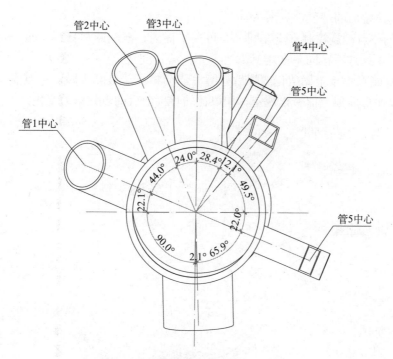

图 7-44　铸钢件管口中心坐标示意图

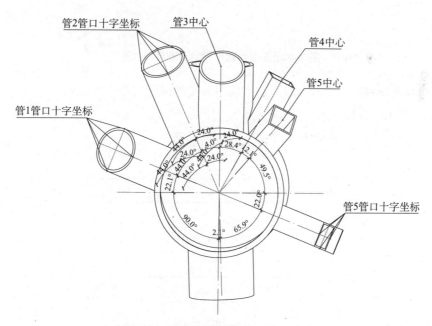

图 7-45　铸钢件管口十字坐标示意图

3. 多支腿铸钢节点安装定位技术

（1）测量控制网点建立

（2）铸钢节点测量控制点的设置

1）测量控制点设置在多支腿钢铸件的若干个支腿的现场安装时可观测到的侧面上，

且应靠近连接端面的部位，见图 7-46。

2）铸钢节点测量控制点应在同一个可视平面内，点间距尽量远，每个铸钢节点应选取不少于 4 点且不在同一直线上。

3）考虑接头焊接金属熔化或焊后打磨可能会将点位破坏去除，控制点不能过于临近端口，以便焊后偏差值易于测定，用以比较焊接前后的点位偏差变化。

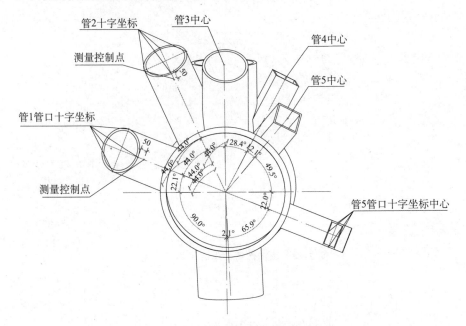

图 7-46 铸钢件测量控制点设置示意图

4）控制点设置一个反射薄膜，每个反射薄膜的厚度均小于 1 mm。

（3）安装定位流程，见图 7-47

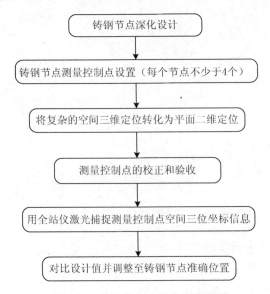

图 7-47 铸钢节点安装定位流程图

（4）调整和定位

安装到位后，用全站仪激光捕捉空间三维坐标信息直接测量控制点的三维坐标，通过对比该测得的数值与深化设计时的坐标值，对该多支腿铸钢件进行调整至设计位置，则该多支腿铸钢件被准确定位。

4. 铸钢节点与构件异种材质、多角度、全方位焊接工艺

节点分支先焊和后焊存在的收缩差，对节点 X、Y、Z 值影响较大，同时也影响节点本身空间定位精度、相关节点空间安装、杆件的安装质量。

1）针对 ZG275-485H 铸钢件和 Q345B 工程构件的材料特性，施工前应进行焊接工艺评定试验，获取合理的焊接工艺参数。

2）铸钢节点与主桁架的对接焊接，坡口形式为带内衬板 U 形坡口，该坡口形式可减少焊缝断面，减少根部与面部之间的收缩差，有效防止接口焊接应力不匀而产生撕裂现象。

3）采用半自动 CO_2 焊接，配备功率大（可远距离配线，电压降极小）、性能先进、可随时由操作者远距离手控电压、电流变幅的 CO_2 焊机，以适应高空作业者为满足全方位焊接需要频繁调整焊接电压、电流的要求。

4）安装顺序：先粗杆（热输出量大），再细杆，平面力求对称施焊；按仰焊→仰立焊→立焊→立平焊→平焊等顺序施工。

5）管对接后按轴线分成两个部分焊接，都以仰焊部位起焊，以平焊部位收焊。

6）采用多层多道的对称焊接方法，减小焊接中的变形。

7.4.5　实施效果

1）通过对屋盖钢结构空间桁架跨度大、双曲多变、超长悬挑等结构特点的分析，创新设计了钢结构安装大型组合支撑胎架（专利号 201020500915.6）——将扣件式钢管支撑技术与钢结构安装支撑胎架技术相结合，即在钢管支撑架上设置不同形式的型钢架，钢构件的荷载通过刚度较大的型钢架再均匀地作用在钢管支撑上；有效地满足钢结构安装工作面和确保支撑架的安全及减少了施工投入，也加快施工进度，为下部空间交叉施工创造了作业面。

2）针对多支腿铸钢节点的特点，我们创新了多支腿铸钢节点安装定位系统（专利号 201020500931.5）。考虑到铸钢节点与构件异种材质、多角度、全方位焊接连接，为确保焊接质量，不仅要严格控制铸钢材质中的 C、S、P 的含量，而且对焊条选择、焊接工艺、焊接顺序等都要进行严格的评定，确保了多支腿铸钢节点定位精度和与后续钢构件连接质量。

3）通过技术创新，该工程的钢结构施工能在既定的施工工期完成。通过总结该项目的钢结构工程施工技术，共取得 4 个广东省省级工法。

4）该项目钢结构工程获得广东钢结构金奖（粤钢奖）和中国钢结构金奖（国优工程）。

第8章　超大型项目结构施工监控技术

8.1　施工监控的意义和目的

8.1.1　施工监控意义

超大型项目的建筑设计蓝图要变成工程实体都有一个必经环节——施工，因项目复杂程度繁简各异，持续时间长短不一，施工对超大型项目建筑的最终状态的影响不同。工程项目越复杂，施工环节越多，施工对超大型项目的最终状态的影响就越大。

超大型项目建筑发展有显著特点：一是高度不断增加；二是造型和体形奇特，为了追求强烈的建筑效果，造型更加新颖奇特；三是结构复杂，为了实现建筑意图，结构日趋复杂，结构体系巨型化趋势非常明显。而在结构设计分析时，通常会采用一些基本假设，以简化计算模型。然而，对于超大型项目的大型复杂空间结构和超高层结构，其边界条件复杂、空间受力路径不太明确，这些假设是否与实际情况完全相符，通常需要实测数据来验证。此外，在施工过程中，不确定性因素较多，实际施工过程与设计预想施工过程可能会有所差别，从而导致结构内力和变形与原设计也会有所出入。且构件安装是否达到了设计要求的精度，各构件及结构整体是否安全是建设各方都非常关心的问题。因此，对超大型项目这些复杂结构，为确保施工安全和结构安全，在施工过程中需要进行施工监控。

超大型项目多为重点或地标工程，确保结构的施工安全、施工质量和施工进度是项目管理的重中之重。在施工阶段对该超大型项目重要的结构参数进行全面监控，获取反映实际施工情况的数据和技术信息，分析并调整施工中产生的误差，从而为后续施工提供指导或建议，以使建成后的结构各类参数处于有效的控制范围内，并保证结构能够最大限度地符合设计理想状态。因此，对超大型项目实施施工监控具有重大意义。

8.1.2　施工监控的目的

超大型项目的结构工程在施工过程中以及运营阶段的内力分布情况是否与设计相

符合是施工方、投资方和设计方共同关注的问题，最好的解决办法就是进行应力应变监测监控。即通过对主要构件的应力应变进行监测来了解其实际内力状态，若发现实际内力状态超限或异常，就要查找原因并进行有效的控制，使之在允许范围内变化，从而可在一定程度上避免事故的发生。

结构位移是反映结构形态的主要参数之一，通过对施工过程中结构关键测点的位移实时监控，并依据位移量的大小和变化趋势，可有效判断屋盖结构的几何形状和结构施工过程中变形受控（如平面位置、标高、层高及垂直度）是否满足设计要求，并可综合反映实际结构的刚度、边界条件、连接节点性能等与理论计算模型的相似程度，以满足施工完成后超大型项目工程正常使用的需要。

超大型项目造型复杂、施工环节多、施工周期长，施工环境（温度、温差和恶劣天气）对结构状态具有非常显著的影响，必须在深入分析结构状态变化规律的基础上，制定科学可行的施工控制方案，确保结构内力和变形在施工过程中始终处于受控状态。

8.2　工程案例 1——广州国际金融中心项目施工监控技术

8.2.1　概述

广州国际金融中心项目采用斜交网格结构体系作为抗侧向荷载结构体系，见图 8-1，结构造型独特，由钢管混凝土柱组成的斜交网络外框筒分为 16 个节，每个节 27 m，钢管混凝土柱在每个节间为直线段，相邻节段的柱子节点层形成一个折点，并于节点层平面内产生向外的推力，从而在楼层梁板中产生了拉力。斜交网格外框柱及多变核心筒、双层双向配筋楼盖体系工艺复杂，钢柱体形大，单件重，在空间斜交倾斜转向，空间位形复杂，定位与校正难。核心筒的壁厚、结构形式、平面形状及平面定位尺寸沿竖向均有较大变化。项目高度将达 432 m，典型的高柔结构，其自振周期远高于普通建筑和一般的低矮建筑，受到风力、日照、温差等多种动态作用的影响，核心筒顶部处于偏摆运动状态。

此外，广州地区位于我国南方，易受到强台风的正面袭击，由于该工程在风荷载作用下的结构响应十分显著，因此对该结构在实际施工过程中进行施工监控以及对该结构在实际使用过程中经受使用荷载、风载、偶然荷载后进行长期健康监测就很有必要，应用多种测控手段对核心筒的结构空间定位与变形进行测控是该工程施工与健康监测中的重点。

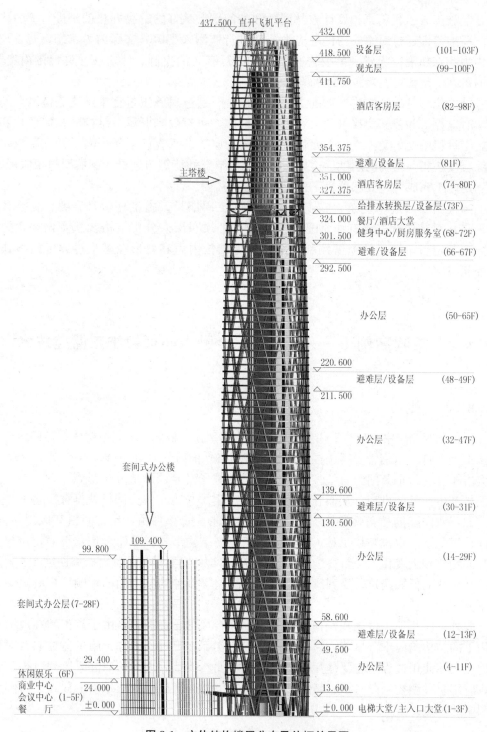

图 8-1 主体结构楼层分布及外框效果图

8.2.2 空间位置校核和变形监测

该项目核心筒与钢管混凝土外框筒结构安装精度要求高，工期紧张，如何确保各主要受力节点的空间几何位置与设计坐标的偏差在限差范围内，将是主塔楼建设成功的关键。为此，我们严格监测节点和杆件的空间位置，保证各构件的施工质量均能符合设计要求。

位移变形监测是一个重要内容，贯穿于结构施工安全监测、风振监测及结构健康监测三方面。可用于评价结构整体安全性，指导结构施工，构件的安装定位等。在该项目中我们采用结合全站仪观测、垂线坐标仪及动态 GPS 卫星定位系统各自的特点完成对结构的位移变形监测。

1. 水平位移监测

水平位移监测包括控制节点平面坐标校核（X 轴、Y 轴）和平面相对位移监测，采用 GPS、垂线坐标仪和全站仪三种仪器相结合来监测，控制层为 1F、7F、13F、19F、25F、31F、37F、43F、49F、55F、61F、67F、73F、81F、89F、97F、顶层 17 个节点楼层。

以动态 GPS 位移测量系统作为总体控制，垂线坐标仪和全站仪监测结果作为校核，监测布置在外筒的 3 个角点，并布设棱镜，监测 17 个节点楼层的水平位移。监测点位置见图 8-2。

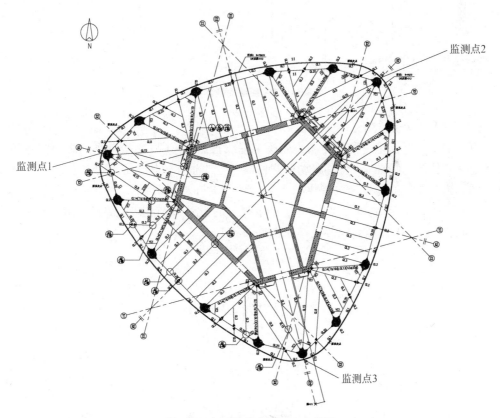

图 8-2　水平位移监测测点布置图

（1）GPS 卫星定位测量系统

GPS 卫星定位测量系统是当今最先进的无接触位移测量系统，在国内外已成功运用于多项大型结构的健康监测系统当中。GPS 系统的基本原理是通过 GPS 接收器对卫星信号的接收确定其在全球经纬系统中的定位，再通过基站与被测点间的相对定位确定被测点的 3D 位移变化，见图 8-3。当每个节点楼层施工完毕后，进行一次监测。主体结构完成后每 2 个月进行一次监测。

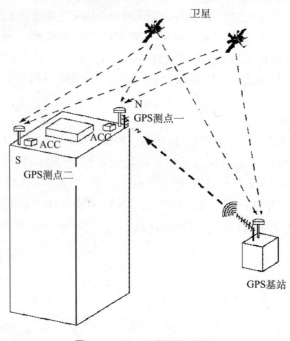

图 8-3　GPS 系统的基本原理

（2）垂线坐标仪监测

激光垂线坐标仪是一种利用激光光源把垂线投影到 CCD 光敏阵列，再通过图像处理确定垂线位置的精准 3D 位移自动监测仪器。垂线坐标仪作为控制楼层的位移监测手段，同时为全站仪的测量定位提供校准点。使用时在核心筒的三个对称点选定 3 个控制点。3 个垂直度控制点需要上下方向通视，为此在每个楼层板上预留 200 mm×200 mm 的孔洞。垂线坐标仪的工作原理见图 8-4。

图 8-4　垂线坐标仪的工作原理图

在垂线坐标仪定位时采用激光准直仪提供垂直基准线，使垂线坐标仪尽量安设在同一垂线上，见图 8-5。当每个节点楼层施工完毕后，进行一次监测，主体结构完成后，每 2 个月进行一次监测。

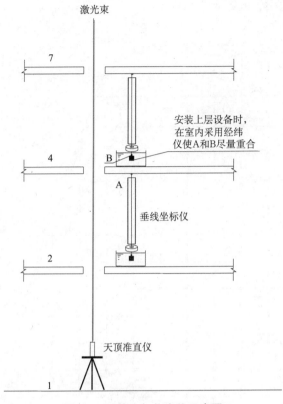

激光束

7

4

B

安装上层设备时，在室内采用经纬仪使A和B尽量重合

A

垂线坐标仪

2

天顶准直仪

1

图 8-5　垂线坐标仪定位示意图

（3）全站仪监测

GPS 卫星定位测量系统和垂线坐标仪监测位移的监测方法都受限制于仪器设备使用数量，因此只能用于控制点的动静态位移监测。为此，在以上两种方法的基础上，我们还采用全站仪对外立面及其他需要的位置进行人工变形测量及定位。

2. 标高监控

水准仪测量将严格按《工程测量规范》（GB 50026—2007）的有关要求进行，高程控制网按要求与广州城市坐标系统联测。竖直位移监测包括控制节点竖直坐标校核（Z 轴）和沉降观测。

采用 GPS、垂线坐标仪和全站仪三种仪器相结合来监测控制 1F、7F、13F、19F、25F、31F、37F、43F、49F、55F、61F、67F、73F、81F、89F、97F、顶层 17 个节点楼层的标高。监测布置在外筒的 3 个角点，见图 8-2。以动态 GPS 位移测量系统作为总体控制，垂线坐标仪和水准仪监测结果作为校核。

3. 沉降观测

（1）沉降观测点布置

在地下室施工过程中做沉降观测记录，地面设二等水准基点 4 个，沉降观测点一开始全部设置在地下室基础底板面，主楼观测点数为 21 个，裙房观测点数为 19 个，共 40 个，为二等水准点，见图 8-6。地下室沉降观测工作从基础施工完成后读零开始，每升高 6 层观测一次，结构封顶后每 40 d 观测一次，直至沉降稳定为止。沉降稳定标准：平均每天沉降量小于或等于 0.01 mm。

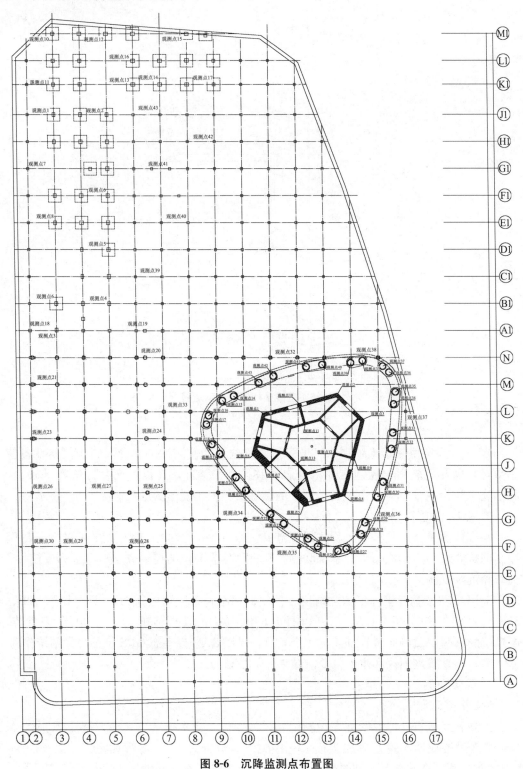

图 8-6　沉降监测点布置图

（2）沉降监测基准点设置

标高基准点位布置在基础沉降范围外，4 个基准点形成闭合水准导线，并定期地与城市导线点进行联测，定期对基准点进行校核，当基准点发生变化时及时恢复，长期观测建筑沉降。标高基准点的锚固长度锚入土内 1 m，地面用护栏模板围护，见图 8-7。

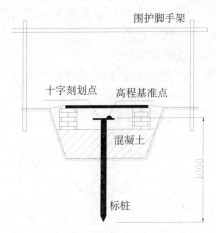

图 8-7　沉降监测基准点示意图

4. 首层组合楼板下梁的挠度监测

对首层组合楼板下梁的挠度，采用在梁下部安装高精度百分表或千分表的方法进行监测，见图 8-8。具体监测构件数量为 2 根梁，每根梁包括测支座沉降和变形的测点在内，测点为 5 点。从梁跨度四等分点（包括支座处的两点）安装具有一定刚度的角钢，一直引至离地面高度 200 mm 处，在角钢底端与地面之间安装百分表或千分表。百分表的安装在梁加载之前完成，并进行初始读数。根据梁的受荷情况将监测分成若干个工况，在每个工况定期观测百分表或千分表的读数，对梁的挠度进行监测。

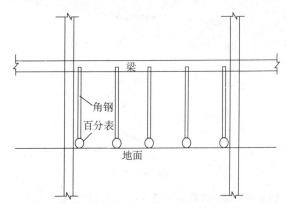

图 8-8　梁挠度监测点布置图

8.2.3　重要构件及重点部位的应力应变监测

1. 应力应变监测的方法

在钢管混凝土柱控制点的内外侧分别布置应变传感器，从测量的应变可以计算出钢管混凝土柱的轴力和弯矩。实测应变要扣除温度的影响，每一个振弦应变计都带有温度计，根据温度差可以修正温度影响。

2. 应力应变测点布置

控制层设置在 1F、7F、13F、19F、25F、31F、37F、43F、49F、55F、61F、67F、73F、81F、89F、97F、103F，每个控制层内的外筒钢管混凝土柱共有 4 个振弦式应变计，每个控制截层的内筒钢管柱有 2 个振弦应变计。73 层转换桁架在角点的箱形截面两侧各布设 1 个粘贴式振弦应变计。

粘贴式振弦应变计和埋入式振弦应变计的安装方法见图 8-9 和图 8-10。

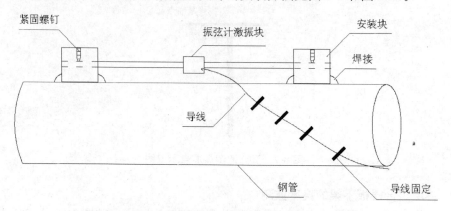

图 8-9　粘贴式振弦应变计在钢结构表面的安装固定

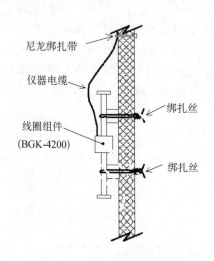

用垫块绑扎在钢筋上

图 8-10　埋入式振弦应变计在混凝土内部的安装固定

当采用粘贴式振弦应变计直接固定在钢结构表面时，先用振弦应变计衬梁安装块焊接在钢构件上，然后取出振弦应变计衬梁，将振弦应变计衬梁通过紧固螺钉固定在安装块上，再将振弦应变计的激振块安装在衬梁的中部，并用紧固圈锁紧。

对采用埋入式振弦应变计，应变计绑扎应设置在钢筋上，可用绑扎丝直接将仪器绑扎到仪器的保护管上就位。由于仪器构造精密，在把仪器固定到钢筋上时，确保仪器在纵向不受张拉或挤压。此外，由于混凝土采用泵送浇筑，压力大，为了防止混凝土浇筑时破坏应变计，在应变计外部固定一 PVC 管加以保护。钢管混凝土柱中应变计的导线从消防孔中穿出。

应变传感器采用基康 Geokon 公司生产的振弦应变计 BGK4000（粘贴式）和 BGK4200（埋入式），采用频率 1 Hz。

3. 监测频率

钢柱每安装一个环监测一次，钢管每次混凝土浇筑完监测一次，工程竣工后每月监测一次。

8.2.4　结构温度监测

1. 温度监测的目的

该项目的外框筒钢结构在施工过程中受温度影响非常显著。温度的影响可以分为日照温差和季节温差，同时不同标高也有温差。为保证施工质量，对外框筒和核心筒的温度进行监测，通过计算，对结构温度变形情况进行事先和实时分析，为施工的精确定位和安装提供准确的数据信息，并保证结构施工的安全和顺利进行。

2. 测点布置

在监测温度效应过程中，大气温度由气象站观测，此处的重点是监测钢结构构件和混凝土构件本身的温度变化。振弦应变仪中包含有温度传感器，但对粘贴在钢结构表面的振弦应变仪，所测温度实际上是环境温度，因此需要另外布置温度传感器测量钢结构表面的温度。钢管混凝土柱内及核心筒使用的是埋入式振弦应变仪，所测温度认为是结构内部温度，因此不需要专门的温度传感器。其测点位置见应力应变监测部分。温度传感器使用国产电阻式温度传感器 JMT-36C，采用频率 1 Hz。

在施工期间选择有代表性的天气进行 24 h 连续观测，如每个季节选择一个晴天、多云天和阴雨天，每两个星期观测 1 d。

8.2.5　风场监测

1. 监测目的

施工阶段风荷载的监测不仅可以对施工过程提供监督和指导，也为结构竣工后的健康监测提供依据。通过对风与结构响应的相关性分析，可以判断已经完成施工的部分结构在风荷载作用下的响应是否在预期范围内，对后续施工给出指导。且该项目施工周期长，通过风场监测可以归纳出该项目附近短期和长期的风场规律，以验证该项目的抗风设计。

2. 测点布置和布线

施工监测中风向、风速等风场监测采用双向螺旋风速仪。监测范围包括最大风速、方向、发生时刻及持续时间。采用两个风速仪，分别安装在塔吊的不同标高处并随塔吊一起升高。由于风速仪输出数字信号，直接连接数传电台就可以将数字信号以无线方式传输到控制中心。为了减少对施工的影响，每台风速仪配置一个数传电台，数传电台放置在风速仪旁边。采用美国 RMYOUNG 公司生产的 05103L 双向螺旋风速仪，采用频率 10 Hz、输出 4～20 mA 的电流信号。

8.2.6　风振监测

该项目加速度传感器测点沿高度布置在 89F、97F、103F 的 3 个楼层位置，每层设置两个监测点。按每两个月测一次频率，测定建筑物在振动时的加速度，通过加速度积分求解该项目塔顶部位移值。

将一台 GPS 接收机安置在距该项目一段距离且相对稳定的基准站上，另一台 GPS 接收机安置在该项目的塔顶。接收机周围 5°以上应无建筑物遮挡或反射物。每台接收机同时接收 6 颗以上卫星的信号，数据采集频率不低于 10 Hz。两台接收机同步记录 15～20 min 数据作为一测段。通过专门软件对接收的数据进行动态差分后处理，根据获得的 WGS-84 大地坐标求得相应的顶部位移值。

通过风场监测测定西塔顶部风速和风向，通过加速度传感器法和 GPS 动态差分载波相位法测定西塔顶部水平位移，从而获取该项目的风压分布、体形系数及风振系数。

8.2.7　气象监测

1. 气象监测的目的

气象监测，包括测量降雨量、大气气压、环境温度和相对湿度。气象监测的目的在于，一方面了解该项目结构附近的气象信息，以方便对该项目的日常监控和管理。另一方面，由于该项目施工为室外作业，持续时间长，故施工受环境因素影响很大，尤其是一些特殊的施工工艺，及时提供环境信息可以正确地指导施工，保证施工进度和施工质量。

2. 仪器和测点布置

采用 WP3103-6 自动气象观测站进行气象监测，在该项目结构全部施工完后，将移到新的位置作为运营健康监测的监测设备。气象站的采样频率为 0.001 67 Hz（约 10 min采样一次）采用数字输出，信号接入该层的数据采集单元。采取两年半的实时气象监测。

8.2.8　安全预警指标与阈值设定

安全预警指标包括：风速、温度、节点位移、结构振动、结构应力。

安全阈值设计为：设计风速、温度为 80℃、舒适度对应的加速度限值、钢材屈服应力的 0.8 倍、结构整体失效极限荷载的 0.6 倍。

8.2.9　数据处理与分析设计

数据处理与分析包括时域和频域分析两个方面。时域分析包括加速度峰值的提取、超越次数的累计，应力幅值和应力超越次数的累计；频域分析包括振型和自振频率的分析。

此外，通过风荷载的监测，将统计获得脉动风速谱、风速极值谱、疲劳谱、脉动因子，还将获得温度变化统计规律，从而为进行结构分析和安全评定提供直接的荷载。

8.2.10　实施效果

在施工过程中，对计算过程中应力变形过大，或者计算分析可能会出现极限情况的部位需进行实体监测，掌握现场实际结构构件的力学特征情况，并与计算结果进行对比分析，及时修正仿真验算中计算考虑不全或者软件计算有误的部分数据，并返回现场，指导施工。且通过监测确定了风荷载及日照对结构的变形影响规律，得出因日照引起的变形非常小，在测量进度误差之内。

8.3 工程案例2——广州塔项目振动控制监测技术

8.3.1 概述

1. 工程特点

广州塔项目的主塔体高达 454 m，顶部是 146 m 的钢结构桅杆，见图 8-11。整个塔体由椭圆形的混凝土核心筒和钢结构外框筒组成，中间通过 A、B、C、D、E 五个功能区相连，功能区楼层采用钢梁和内外筒之间通过铰接连接。外框筒由 24 根柱子，通过平行的 46 环环梁以及钢结构斜撑组成，见图 8-12。钢管柱内灌素混凝土形成钢管混凝土柱结构。钢结构的外框筒和核心筒的截面形式皆为椭圆。整个电视塔具有高、扭、偏、缺等特点。

1）高：塔楼高 454 m，天线桅杆顶高 600 m，超高度带来施工高风险。

2）扭：钢外筒自下而上扭转 45°，使结构呈三维倾斜，万余构件无一相同。

3）偏：钢结构底座与核心筒偏心 9.3 m，而顶部钢结构又与底座偏位 9 m，使结构在自重作用下发生侧移。

4）缺：楼层分段分布，核心筒内有 80 个楼层，但内外框筒之间只有 37 个楼层，缺失近一半。

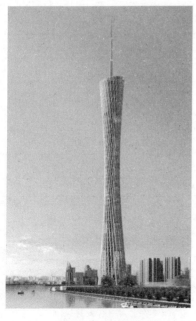

图 8-11 效果图

图 8-12 施工实景

2. 广州塔项目振动控制系统简介

广州地处热带地区，每年遭受台风袭击的频度和强度较大。广州位于珠三角地区，属我国地震重点防御区。强风、地震是广州塔需要考虑的主要外部影响。广州塔高度高、体形细、结构布置独特，属于风敏感结构。此外，广州塔为众人瞩目的标志性工程，在强风和地震等灾害作用过程中及灾后承担着信息发布和传播功能，必须确保该塔在强风和地震作用下不发生过大的振动和破坏。因此，广州塔有必要实施振动控制系统。

广州塔振动控制系统采用主塔主被动复合的质量调谐控制系统（HMD），桅杆结构采用多质量被动调谐控制系统（TMD）。HMD 系统由以水箱为质量的 TMD 系统和坐落在其上的直线电机驱动的 AMD 系统组成。AMD 系统工作时，需要及时得到结构当前状态的反馈信息。因此，广州塔振动控制系统需要一个广州塔振动控制结构状态反馈系统。

8.3.2 传感器子系统实施

1. 监测对象

广州塔振动控制结构状态反馈系统的监测对象包括：主塔结构加速度、主塔结构速度、TMD 质量位移、TMD 质量加速度、地震、风速风向。其中，地震和风速风向将直接利用广州塔运营期结构健康监测系统的监测数据。

2. 测点布置

广州塔振动控制结构状态反馈系统的传感器子系统包括 12 个加速度传感器、4 个速度传感器、4 个位移传感器，以及与广州塔运营期结构健康监测系统共用的 1 个地震仪、1 个风速仪。传感器汇总见表 8-1，共有 22 个传感器，传感器的总体布置见图 8-13。

表 8-1　传感器汇总

序号	名称	代码	数量
1	加速传感器	ACC	12
2	速度传感器	VEL	4
3	位移传感器	DIS	4
4	地震仪	SEI	1
5	风速仪	ANE	1
合计			22

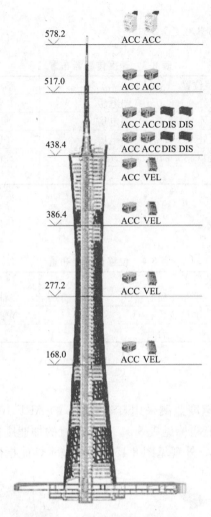

图 8-13　传感器的总体布置

（1）加速度传感器布置

加速度传感器的布置见表 8-2。

表 8-2　加速传感器布置

安装位置		感应方向	数量
主塔	1/4 高度处（168.0 m）弱电房	弱轴	1
	1/2 高度处（277.2 m）弱电房	弱轴	1
	3/4 高度处（386.4 m）弱电房	弱轴	1
	塔顶处（438.4 m）弱电房	弱轴	1
TMD	水箱 1 质心	弱轴、强轴	2
	水箱 2 质心	弱轴、强轴	2
桅杆	517 m 处	弱轴、强轴	2
	578.2 m 处	弱轴、强轴	2
合计			12

（2）速度传感器布置

速度传感器布置见表 8-3。

表 8-3　速度传感器布置

安装位置		感应方向	数量
主塔	1/4 高度处（168.0 m）弱电房	弱轴	1
	1/2 高度处（277.2 m）弱电房	弱轴	1
	3/4 高度处（386.4 m）弱电房	弱轴	1
	塔顶处（438.4 m）弱电房	弱轴	1
合计			4

（3）位移传感器布置

位移传感器布置见表 8-4。

表 8-4　位移传感器布置

安装位置		感应方向	数量
TMD	水箱 1 质心	弱轴、强轴	2
	水箱 2 质心	弱轴、强轴	2
合计			4

3. 传感器型号

（1）加速度传感器

桅杆 578.2 m 处的加速度监测采用日本 TML 的 ARF-100A 型加速度传感器，外观见图 8-14，主要技术性能指标见表 8-5。其他位置的加速度监测采用日本东京测振的 AS-2000S 型加速度传感器，外观见图 8-15，主要技术性能指标见表 8-6。

图 8-14　ARF-100A 加速度传感器　　图 8-15　AS-2000S 加速度传感器

表 8-5　ARF-100A 加速传感器的主要技术性能指标

项目	技术性能指标
量程	100 m/s^2
比例输出	0.5 mV/V（1 000$\mu\varepsilon$）
非线性	1%的比例输出
频响范围	DC～180 Hz
特征频率	300 Hz
工作温度	－10～50℃
超载	300%
输入输出阻抗	120Ω
推荐激励电压	小于 2V
允许激励电压	5V
重量	13 g

表 8-6　AS-2000S 加速传感器的主要技术性能指标

项目	技术性能指标
量程	±20 m/s² （±20 gal）
频响范围	DC～250 Hz
灵敏度	0.5 mV/（m·s²）（5 mV/gal）
输出阻抗	100Ω
分辨率	满程的 0.00005％
线性度	满程的 0.03％
阻尼	0.6～0.7
感应方向要求	小于±1°
正交轴灵敏度	最大 0.003°
标定线圈	约 1.25 mA/（m·s²）（10μA/gal）
工作电压	±15V
耗电量	约 10 mA
工作温度	−20～70℃
温度灵敏系数	0.02％/℃
零漂	0.02％/℃
允许冲击加速度	30G（小于 0.1 s）
外形尺寸	约 35mm×35mm×60mm
重量	约 250 g

（2）速度传感器

速度监测采用日本东京测振的 VSE-11 型速度传感器，外观见图 8-16，主要性能指标见表 8-7。

图 8-16　VSE-11 速度传感器

表 8-7　VSE-11 速度传感器的主要技术性能指标

项目		技术性能指标
量程	速度	±2 m/s
	加速度	±20 m/s² （±20 gal）
频响范围		0.01～100 Hz
灵敏度	水平向速度	0.05V/（m·s）
	竖向速度	5V/（m·s）
	加速度	500 mV/（m·s²）（5 mV/gal）

项目		技术性能指标
分辨率	速度	1.6×10^{-5} m/s
	加速度	1×10^{-6} m/s^2
最大输出电压		±11V
标定线圈		约 1 500 mA/（m·s^2）（15μA/gal）
工作电压		±15V
耗电量		约±30 mA
工作温度		−10～50℃
允许冲击加速度		30G（小于 0.1 s）
外形尺寸		约 350 mm×350 mm×600 mm

（3）位移传感器

位移传感器采用美国 Celesco 的 PT5DC-100-N34-FR-M0P0-C25 拉绳式位移传感器，外观见图 8-17，主要性能指标见表 8-8。

图 8-17　PT5DC-100-N34-FR-M0P0-C25 位移传感器

表 8-8　PT5DC-100-N34-FR-M0P0-C25 位移传感器的主要技术性能指标

项目	技术性能指标
量程	100in.
精度	满程的 0.25%
重复性	满程的 0.02%
电位计寿命	500 000 周期
拉绳拉力	41ounces
最大拉绳速度/加速度	300 in./s，5 gal
拉绳	0.034 不锈钢外包尼龙
输出信号	±10V DC
输入电压	14.5～40V DC
输出阻抗	1 000Ω
量程调整	最小至出厂量程的 75%
零点调整	从出厂零点至出厂量程的 25%
封装	NEMA4/6IP65/67
工作温度	−40～90℃
重量	最大 5lbs

4. 传感器安装及保护

（1）加速度传感器安装及保护

1）安装要求

① 加速度传感器的底座水平度好，该项目采用可旋转三角支撑底座。

② 加速传感器的感应方向可根据需要进行调整。

③ 加速度传感器的感应方向偏差小于±1°。

④ 加速度传感器在符合《建筑物防雷设计规范》（GB 50057—2010）的环境下可耐受雷击且不影响正常工作，防护等级达到 IP68 标准。

2）安装、测试步骤

① 制作加速度传感器的底座、金属保护盒和线缆固定环。

② 传感器安装位置精确定位。

③ 在选定安装位置打入膨胀螺栓固定底座。

④ 将加速度传感器固定在底座上。

⑤ 调整传感器感应方向与核心筒弱轴一致。

⑥ 连接加速度传感器的电源、信号线缆。

⑦ 如有需要，调节加速度传感器的补偿电压。

⑧ 将加速度传感器的金属保护盒固定在底座上。

⑨ 将加速度传感器的线缆（信号线、电源线）从加速度传感器连接到相应的数据采集站。

⑩ 安装工作完成后，进行测试工作。用万用表测量电流、电压、电阻值。用示波器测量振动波形，并用笔记本电脑做数据采集，比对参数，检查是否符合要求。

3）保护措施

① 安装加速度传感器时，保证加速度传感器的安装位置和感应方向正确无误。

② 安装螺钉时，使用螺纹锁固胶加以锁固，保证加速度传感器及其金属保护盒的安装牢固、可靠。

③ 加速度传感器底座、金属保护盒的设计和制造保证加速度传感器线缆出线方便。如有需要，将使用缆线支撑系统（穿线孔、线缆槽支架、固定环等）来保证加速度传感器线缆的走线顺畅、合理。

④ 加速度传感器底座、金属保护盒具有密封设计，完成安装的加速度传感器底座、金属保护盒具有良好的防尘和防水功能。

⑤ 所有加速度传感器须有隔热装置，尤其是桅杆上的传感器必须具备良好的防水和隔热功能。

（2）速度传感器安装及保护

1）安装要求

① 速度传感器的底座水平度好，该项目采用可旋转三角支撑底座。

② 加速传感器的感应方向可根据需要进行调整。

③ 速度传感器的感应方向偏差小于±1°。

④ 速度传感器在符合《建筑物防雷设计规范》（GB 50057—2010）的环境下可耐受雷击且不影响正常工作，防护等级达到 IP68 标准。

2）安装、测试步骤

① 制作速度传感器的底座、金属保护盒和线缆固定环。

② 传感器安装位置精确定位。

③ 在选定安装位置打入膨胀螺栓固定底座。

④ 将速度传感器固定在底座上。

⑤ 调整速度传感器的水平度。

⑥ 连接速度传感器的电源、信号线缆。

⑦ 将速度传感器的金属保护盒固定在底座上。

⑧ 将速度传感器的线缆（信号线、电源线）从速度传感器连接到相应的数据采集站。

⑨ 安装工作完成后，进行测试工作。用万用表测量电流、电压、电阻值。用示波器测量振动波形，并用笔记本电脑做数据采集，比对参数，检查是否符合要求。

3）保护措施

① 安装速度传感器时，保证速度传感器的安装位置和感应方向正确无误。

② 安装螺钉时，使用螺纹锁固胶加以锁固，保证速度传感器及其金属保护盒的安装牢固、可靠。

③ 速度传感器底座、金属保护盒的设计和制造保证速度传感器线缆出线方便。如有需要，将使用缆线支撑系统（穿线孔、线缆槽支架、固定环等）来保证速度传感器线缆的走线顺畅、合理。

④ 速度传感器底座、金属保护盒具有密封设计，完成安装的速度传感器底座、金属保护盒具有良好的防尘和防水功能。

（3）位移传感器安装及保护

1）安装要求

① 先将拉绳安全收回后，再拆卸传感器。

② 位移传感器端底座和拉绳端底座形成的直线方向须和被测物的移动方向保持平行。

③ 拉绳拉出后不能使拉绳自由回程（拉出后不能松手），否则会损坏传感器。

④ 拉绳不用涂油润滑。

⑤ 位移传感器在符合《建筑物防雷设计规范》（GB 50057—2010）的环境下可耐受雷击且不影响正常工作，防护等级达到 IP65 标准。

⑥ 位移传感器的底座、保护盒须防水密封，防护等级达到 IP65 标准。

2）安装、测试步骤

① 根据位移传感器的量程选择合适的安装位置，位移传感器端固定在固定点，拉绳端固定在移动点。

② 确定好安装位置后，制作位移传感器设备安装底座、保护盒，拉绳端底座具有调节装置。

③ 采用焊接或膨胀螺丝固定安装底座，位移传感器端底座和拉绳端底座形成的直线方向和被测物的移动方向保持平行。

④ 安装位移传感器，罩好防护罩，并对位移传感器拉绳端做好保护。

⑤ 将位移传感器的线缆（信号线、电源线）敷设至相应的数据采集站。

⑥ 焊接好位移传感器的连接件，进行通电测试。

⑦ 将位移传感器拉绳端固定到其安装底座上，用万用表测量、记录其初始读数。

⑧ 安装工作完成后，进行测试工作。用万用表测量电流、电压、电阻值。用示波器测量输出波形，并用笔记本电脑做数据采集，比对参数，检查是否符合要求。

3）保护措施

① 位移传感器的固定距离保证：被测物在最大伸位移时，固定距离与最大伸位移之和小于位移传感器最大量程；被测物在最大缩位移时，固定距离与最大缩位移之差大于位移传感器最小量程。

② 位移传感器的拉绳容易遭到破坏，在设备安装调试好后，需做保护装置。

5. 传感器及线槽施工

根据以上传感器安装原则及测试要求，对所有传感器进行安装定位及走线方式规划，并在本方案中给出其示意图供深化设计参考。

（1）传感器安装定位

位于主塔 1/4 高度处、1/2 高度处、3/4 高度处和塔顶处的加速度传感器和速度传感器在弱电房的平面布置见图 8-18，安装点的位置与核心筒椭圆短轴成 30°夹角，而传感器的感应方向则与短轴平行。安装传感器用的三角支架见图 8-19，该支架可根据实际需要调整传感器感应方向。水箱质点上的加速度传感器按照弱轴和强轴方向布置，见图 8-20。

图 8-18 核心筒弱电房加速度传感器、速度传感器定位图

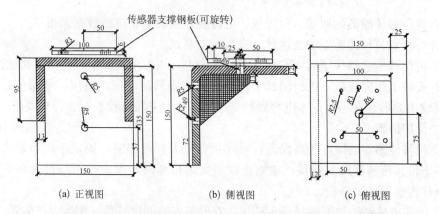

(a) 正视图　　　　　(b) 侧视图　　　　　(c) 俯视图

图 8-19　核心筒弱电房加速度传感器、速度传感器安装支架图

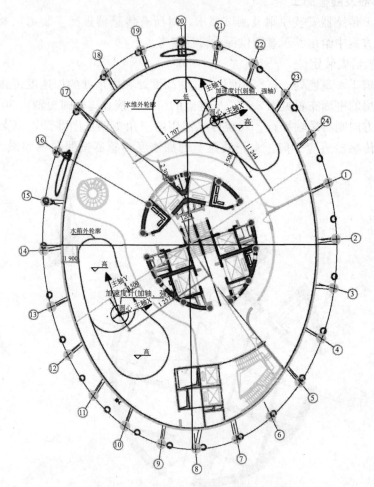

图 8-20　水箱质心加速度计安装定位图

　　桅杆 517 m 高程加速度传感器安装在面内的水平梁上，见图 8-21。为了使全塔加速度测量坐标统一，桅杆与主塔结构内的加速度器感应方向保持一致。桅杆 578.2 m 高程加速度传感器安装在平台的钢板上，为了使传感器安装位置处局部刚度较高且不影响人行通道，安装位置选择在平台边梁与平台梁交接的地方，见图 8-22。

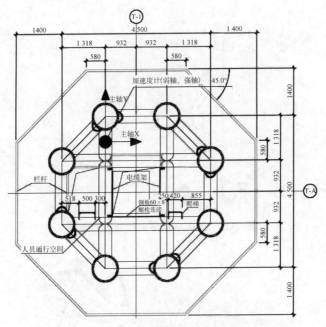

图 8-21　桅杆 517 m 高程加速度传感器安装示意图

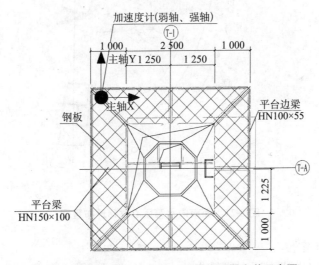

图 8-22　桅杆 578.2 m 高程加速度传感器安装示意图

　　原设计方案使用一个位移传感器测量水箱质心的位移。由于水箱质心属于平面运动，用一个位移传感器无法测量到所需弱轴方向的位移，因此，在制订本实施方案过程对原设计方案（每个质心采用一个位移传感器进行测量）进行调整，对每个水箱质心用两个位移传感器来测量其位移，通过几何计算得到质心弱轴向的位移。位移传感器固定点设计为可平面转动的装置。图 8-23 显示了北向水箱质心位移计布置，为了与质心处加速度传感器的量测相对应，位移传感器的不锈钢拉线终端与加速度传感器安装位置相同。图 8-24 显示了西南向水箱质心位移计布置，由于安装位置限制，该位移计的拉线方向与所需的轴向有 20°的夹角。

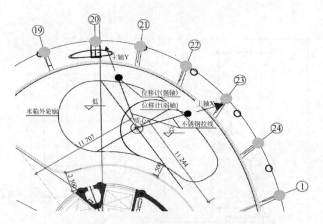

图 8-23　北向水箱质心位移计布置图

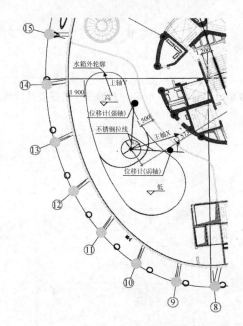

图 8-24　西南向水箱质心位移计布置图

（2）线槽施工定位

对于核心筒弱电房内所有线缆走线均采用镀锌线槽走线，包括从传感器到数据采集仪、从数据采集仪到全塔纵向线槽（100 mm×100 mm），见图 8-25，纵向线槽设计大样见图 8-26。阻尼层传感器走线采用先钢管后线槽的方式，从传感器到弱电房采用镀锌钢管，进入弱电房后采用线槽走线，见图 8-27。桅杆上的传感器线缆采用镀锌钢管保护，直到进入核心筒，517 m 高程走线见图 8-28，

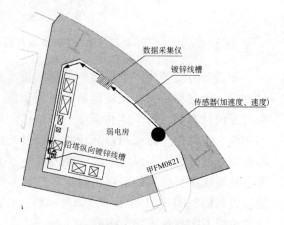

图 8-25　核心筒弱电房内线槽走向示意图

578.2 m 高程走线见图 8-29。

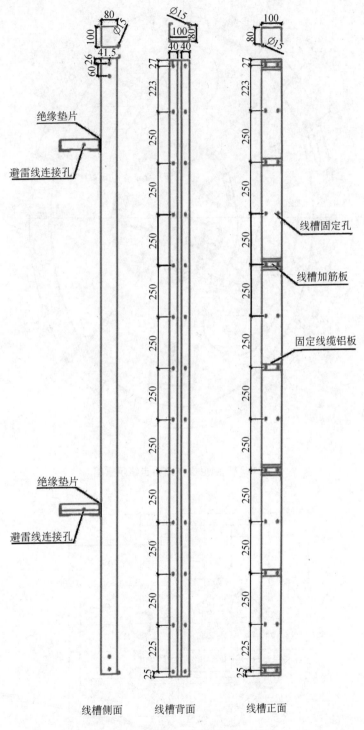

图 8-26　核心筒纵向线槽设计大样图

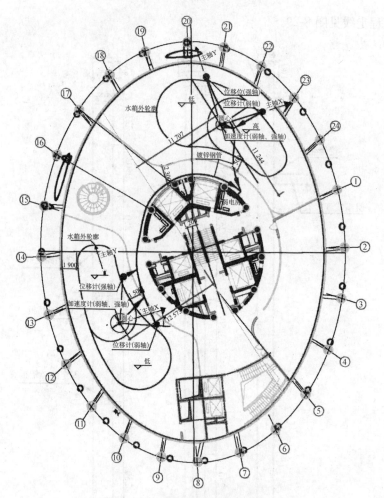

图 8-27 阻尼层传感器走线示意图

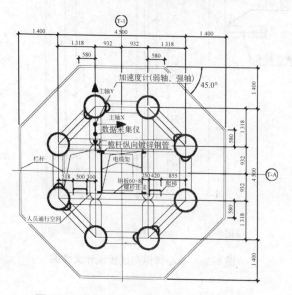

图 8-28 桅杆 517 m 高程平面内走线示意图

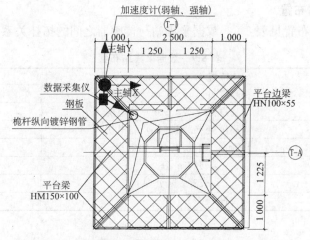

图 8-29　桅杆 578.2 m 高程平面内走线示意图

8.3.3　数据采集与传输子系统实施

1. 数据采集与传输子系统组成

广州塔振动控制结构状态反馈系统的数据采集
与传输子系统由数据采集站和数据传输网络组成。
数据采集站负责传感器信号的采集、调理、预处理
等，数据传输网络则是实时数据或数据文件传送到
数据管理子系统的传输媒介。

图 8-30　CompactR10 控制与采集系统

广州塔振动控制结构状态反馈系统包括 4 个主塔内的数据采集站和 2 个桅杆上的数据采
集站。数据采集站采用美国 NI 的 CompactR10 控制与采集系统，见图 8-30。CompactR10 控
制与采集系统由控制器、I/O 模块和机箱组成。

数据传输网络采用星型网络，见图 8-31。传感器通过专用线缆连接至就近的数据
采集站（DAU），数据采集站通过光纤连接至监控中心内的交换机，监控中心内的数据
服务器通过网线连接至交换机。

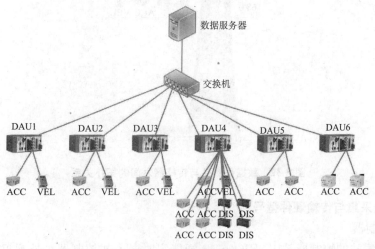

图 8-31　数据传输网络

2. 数据采集站布置

数据采集站的布置见表 8-9。数据采集站与传感器之间的拓扑关系见图 8-32。

表 8-9　数据采集站布置

	安装位置	数量
主塔	1/4 高度处（168.0 m）弱电房	1
	1/2 高度处（277.2 m）弱电房	1
	3/4 高度处（386.4 m）弱电房	1
	塔顶处（438.4 m）弱电房	1
桅杆	517 m 处	1
	578.2 m 处	1
合计		6

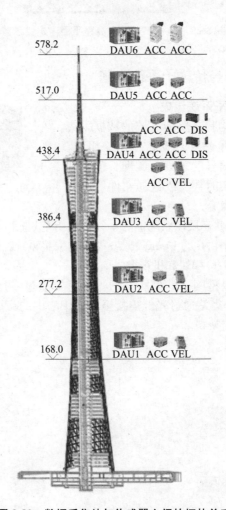

图 8-32　数据采集站与传感器之间的拓扑关系

3. 数据采集与传输硬件型号

（1）控制器

数据采集站的控制器采用 cRIO-9014 智能实时嵌入式控制器，外观见图 8-33，主要技术性能指标见表 8-10。

图 8-33　cRIO-9014 智能实时控制器

表 8-10　cRIO-9014 智能实时控制器的主要技术性能指标

项目			技术性能指标
网络		网络接口	10BaseT 和 10BaseTX 以太网
		兼容性	IEEE802.3
		通信速率	10/100Mbit/s，自动调节
		最大接线长度	100 m/段
SMB 连接器	输入特征	逻辑高电平	3.3V
		逻辑低电平	0V
		驱动类型	CMOS
		漏/源电源	±50 mA
		3 态输出泄漏电源	±50μA
	输出特征	最小输入电平	−500 mV
		最小输入低电平	900 mV
		最小输入高电平	2.31V
		最大输入电平	5.5V
		输入电容	2.5pF
		上拉电阻	1kΩ，3.3V
USB 端口		最大通信速率	12Mbit/s
		最大电流	500 mA
内存		非易失性内存	2GB
		DRAM	128MB
内部实时时钟		精度	200 ppm
			35ppm，25℃
电源要求		推荐电源	48W 二级电源，18~24V DC
		功耗	6W
		上电时电源	9~35V
		上电后电源	6~35V
物理特征		螺栓端子连线	12AWG 至 24AWG 铜导线，10 mm
		螺栓端子扭矩	0.5~0.6N·m
		重量	约 488 g
环境		运行环境温度	−40~70℃
		运行环境湿度	10%~90%，无凝结
		保护等级	IP40
冲击与振动		运行环境随机振动	10~500 Hz
		运行环境正弦振动	5 g，10~500 Hz
		运行环境冲击	18 次冲击，6 个方向（30 g，11 ms 半正弦；50 g，3 ms 半正弦）

（2）I/O 模块

数据采集站的 I/O 模块常用 NI9239 模拟输入模块，外观见图 8-34，主要技术性能指标见表 8-11。

图 8-34　NI9239 模拟输入模块

表 8-11　NI9239 模拟输入模块的主要技术性能指标

项目		技术性能指标
通道数		4 个模拟输入通道
ADC 分辨率		24bit
ADC 类型		Delta-Sigma，带模拟预滤波
采样模式		同步
内部主时基频率（f_M）		12.8MHz
内部主时基精度		最大值±100 ppm
采样率 f_s（内部主时基）		最小 1.613kS/s，最大值 503kS/s
采样率 f_s（外部主时基）		最小 390.625kS/s，最大值 51.2kS/s
输入电压范围		额定值±10V；常规值±10.52V；最小值±10.3V
过压保护		±100V
输入耦合		DC
输入阻值		1MΩ
精度	增益误差	最大值±0.13%，常规值±0.03%
	片置误差	最大值±0.06%，常规值±0.008%
输入噪声		$70\mu V_{rms}$
稳定性	增益漂移	±5ppm/℃
	电压漂移	±26ppm/℃
通道间增益匹配		最大值 0.22 dB（20kHz）
串扰		−130 dB（1kHz）
通道间相位不匹配		最大值 0.075°/kHz
模块间相位不匹配		$0.075°/kHz + 360 \cdot f_{in}/f_M$
相位非线性		最大值 0.11°（$f_s = 50kS/s$）
输入延迟		$38.4/f_s + 3\mu s$
通带	频率	$0.453 f_s$
	平坦度	最大值±100 mdB
阻带	频率	$0.547 f_s$
	抑制	100 dB

项目			技术性能指标
	无混叠带宽		$0.453f_s$
	-3 dB 预滤波带宽		24.56kHz
	CMRR		126Db（$f_{in}=60$Hz）
	SFDR		-128 dBFS（1kHz，-60 dBFS）
	总谐波失真		-99 dB（1kHz，-1 dBFS）
			-105 dB（1kHz，-20 dBFS）
	MTBF		662484 h（20℃）
电源要求	机箱功效	有效模式	740 mW，最大值
		休眠模式	25μW，最大值
	散热	有效模式	760 mW，最大值
	（70℃）	休眠模式	16μW，最大值
物理特征	螺栓端子连线		16AWG 至 28AWG 铜导线，7 mm
	螺栓端子扭矩		$0.22\sim0.25$N·m
	金属套环		$0.25\sim0.5$ mm^2
	重量		约 147 g
环境	运行环境温度		$-40\sim70$℃
	运行环境湿度		10%～90%，无凝结
	防护等级		IP40
冲击与振动	运行环境随机振动		10～500 Hz
	运行环境正弦振动		5 g，10～500 Hz
	运行环境冲击		18 次冲击，6 个方向（30 g，11 ms 半正弦；50 g，3 ms 半正弦）

（3）机箱

数据采集站的机箱采用 4 槽的 cRIO9101 机箱，外观见图 8-35，主要技术性能指标见表 8-12。

图 8-35 cRIO9101 机箱

表 8-12 cRIO9101 机箱的主要技术性能指标

项目		技术性能指标
可重配置的 FPGA	逻辑片数量	5 120
	等效逻辑单元数量	11 520
	可用嵌入式 RAM	81 920b
	时基	40，80，120，160，200 MHz
	时基精度	最大值±100 ppm
	时基毛刺	40MHz：250ps；80MHz：980ps；120MHz：970ps；160MHz：960ps；180MHz：970ps；200MHz：950ps

项目		技术性能指标
电源要求	＋5VDC	最大值 500 mV
	＋3.3VDC	最大值 1 800 mV
	整个机箱功率	最大值 2 300 mV
物理特征	机箱重量	约 490 g
环境	运行环境温度	−40～70℃
	运行环境湿度	10％～90％，无凝结
	防护等级	IP40
冲击与振动	运行环境随机振动	5 grms，10～500 Hz
	运行环境正弦振动	5 g，10～500 Hz
	运行环境冲击	18 次冲击，6 个方向（30 g，11 ms 半正弦；50 g，3 ms 半正弦）

（4）交换机

采用深圳 TP-LINK 的 TL-SF1016 以太网交换机，外观见图 8-36，主要技术性能指标见表 8-13。

图 8-36　TL-SF1016 以太网交换机

表 8-13　TL-SF1016 以太网交换机的主要技术性能指标

项目	技术性能指标
支持的标准和协议	IEEE802.3
	IEEE802.3u
	IEEE802.3x
端口	16 个 10/100M 自适应 RJ45 端口
网络介质	10Base-T：3 类或 3 类以上 UTP
	10Base-TX：5 类 UTP
过滤和转发速率	10/100Mbit/s
背板带宽	3.2G
MAC 地址	8K
外形尺寸	440 mm×180 mm×44 mm
工作温度	0～40℃
工作湿度	10％～90％，无凝结
电源	100～240V AC，50/60Hz
功效	最大 7W

（5）光纤收发器

采用深圳 TP-LINK 的 TR-965DA/965DB 光纤收发器，外观见图 8-37，主要技术性能指标见表 8-14。

图 8-37　TR-965DA/965DB 光纤收发器

表 8-14　TR-965DA/965DB 光纤收发器的主要技术性能指标

项目	技术性能指标
支持的标准和协议	IEEE802.3　10Base-T 以太网
	IEEE802.3u　100BaseTX/FX 快速以太网
	IEEE802.3x
端口	1 个 10/100M 自适应 RJ45 端口
	1 个 SC 单模光纤接口
网络介质	10Base-T：3 类或 3 类以上 UTP
	10Base-TX：5 类 UTP
	10Base-FX：单模光纤
波长	TR-965DA：1550TX/1310RX
	TR-965DB：1310TX/1550RX
过滤和转发速率	10/100Mbit/s
背板带宽	3.2G
MAC 地址	8K
外形尺寸	105 mm×60 mm×22 mm
工作温度	0～40℃
工作湿度	10%～90%，无凝结
电源	外置电源适配器输出：9V，0.8A
功效	最大 7W

4. 数据采集站安装及保护

（1）安装步骤

1）在机箱中安装控制器

① 确定控制器和机箱没有上电。

② 将控制器和机箱对齐。

③ 将控制器插入机箱的控制器槽。用力按下确保机箱和控制器接口紧密结合。

④ 使用 2 号飞利浦螺丝刀将控制器前面的螺丝拧紧，螺丝刀旋转扭矩为 13N·m。

2）将机箱固定至面板

①将机箱与面板对齐。

② 使用两个 M4 或 10 号平头螺丝，将机箱拧紧固定在面板上。

3）在机箱中安装 I/O 模块

① 确定 I/O 端电源没有同 I/O 模块相连。在非危险环境中，安装 I/O 模块时可以不关闭机箱电源。

② 将 I/O 模块与机箱中的 I/O 模块槽对齐。模块槽从左到右依次编号。

③ 压住插销，将 I/O 模块插入模块槽内。

④ 用力压住 I/O 模块的连接端，使插销完全锁住 I/O 模块。

⑤ 重复上述步骤安装其他 I/O 模块。

4）将控制器连接至网络

5）将控带器连接至电源

6）将 I/O 模块连接至现场设备

7）将机箱接地

必须将机箱背面的平头螺丝接地。连接机箱背面的平头螺丝时，必须使用屏蔽式电缆。

（2）保护措施

NI CompactRIO 控制与采集系统体积小，重量轻。须在室内工作，工作温度范围为−40～70℃。

对于安装在主塔内的数据采集站，无须特别的保护措施。为减少强电信号干扰，主塔内的数据采集站宜安装在弱电房内。为了标识清楚，将 NI CompactRIO 控制与采集系统安装在金属保护盒内。金属保护盒预留连线空间和空气流通空间，并在金属保护盒的底板设计通风口。

对于安装在桅杆上的数据采集站，由于暴露的工作环境，将 NI CompactRIO 控制与采集系统安装在金属保护盒内。金属保护盒预留连线空间和空气流通空间，并在金属保护盒的底板设计通风口。

此外，还为每个数据采集站配备了隔离变压器，以避免雷击。

5. 数据传输线缆敷设及保护

（1）安装要求

1）光缆的敷设施工应保证光缆熔接质量，不可过度弯折。

2）配置优质的光缆接线盒。

3）光纤接口连接牢固可靠。

4）网线 RJ45 接头的压制质量可靠。

5）线缆的包扎、固定可靠。

6）每根电缆的接头处要有标识（数码圈或数码标签），便于安装设备、调试及维修工作。

（2）安装、测试步骤

1）将传感器通过专用线缆连接至相应的数据采集站。

2）将数据采集站通过光纤收发器、光纤等连接至交换机。

3）将数据服务器通过 RJ45 口网线连接至交换机。

4）线缆敷设完成后，使用专用检测设备对线路进行测试。

5）根据网络要求设置交换机内部软件。

6）数据采集与传输子系统完成后，进行全面网络测试，了解网络某点发生故障时，网络的自愈能力和时间。

（3）保护措施

1）聘请专业人员完成光纤的熔接，保证光纤熔接可靠。

2）所有光缆走线按照相关要求执行。

8.3.4　实施效果

截至 2010 年 8 月，广州塔主体及其附属结构完成。对于内筒的监测断面，除个别测点传感器以外，大部分测点实测应变同有限元分析结果之差在 $50\mu\varepsilon$ 以内，所有测点实测应力同有限元分析结果之差在 2.2 MPa 以内。

对于外框筒监测断面，各测点传感器所测外框筒钢结构表面应力大部分监测结果为受压，少部分测量结果为受拉。

各监测断面所测最大压应力都出现在节点立柱处，最大拉应力则多出现在节点环杆处。所有监测断面所测最大压应力为 93.4 MPa（位于 11 环 18 号柱立柱），最大拉应力为 45.7 MPa（位于 11 环 13 号柱立柱），均远小于外框筒所用 Q345 钢的屈服强度。

8.4　工程案例 3——广州亚运馆项目施工监控技术

8.4.1　施工监控的目的和内容

1. 施工监控的目的

广州亚运馆造型独特，结构形式复杂，施工难度较大。体操馆是以内、外环钢柱及其上部内、外环空间立体桁架环梁为主要支撑结构，由中庭双曲空腹桁架、外檐正交桁架以及单层网壳飘带组成的杂交结构体系。施工难度大，施工工序多，工期紧，各部分的施工顺序以及相互关系非常复杂。安装面积大，施工投影面积约 243.9 m×164 m；高度高，最大安装标高超过 30 m；跨度大，主桁架最大跨度 99 m，体操馆入口雨篷桁架悬挑跨度达 23 m。同时，该结构造型复杂，内、外桁架各个点位高低不一，呈空间曲面分布；构件种类多，中庭主桁架为拱形空腹桁架，内环桁架采用平行四边形空间桁架，外环桁架为倒斜三角形空间桁架，安装过程中的稳定性差。因此，对此类复杂结构，为确保施工安全和结构安全，在施工过程中需要进行施工监控。

2. 施工监控的内容

关键构件的应力应变水平以及重要部位的位移是最能反映大跨度空间钢结构是否达到设计要求，在施工过程中是否安全的指标。因此，该项目的施工监控主要包括两方面的内容：关键截面的应力应变监测（含温度监测）及重要部位的位移监测。

8.4.2　关键截面应力应变监测及温度监测

1. 监测点的布置

（1）测点布置原则

1）重点监测主要传力构件的重要部位，如在钢结构安装、支撑卸载阶段应力最大或较大的截面。

2）测点布置便于数据采集和传输。

3）测试构件的选择尽可能有代表性。

4）便于传感器的安装。

温度测试与应力应变测试的测点布置位置相同。

（2）体操馆应力应变及温度测点布置

对于体操馆的应力应变测点布置，首先根据该工程施工阶段的初步模拟分析结果，寻找应力分布较大的部位。施工模拟包括钢结构安装和支撑卸载两个阶段，每个阶段又分为若干个施工步。图 8-38、图 8-39 为典型的两个施工步，钢结构安装完成时和分区分级卸载完成时的应力云图。

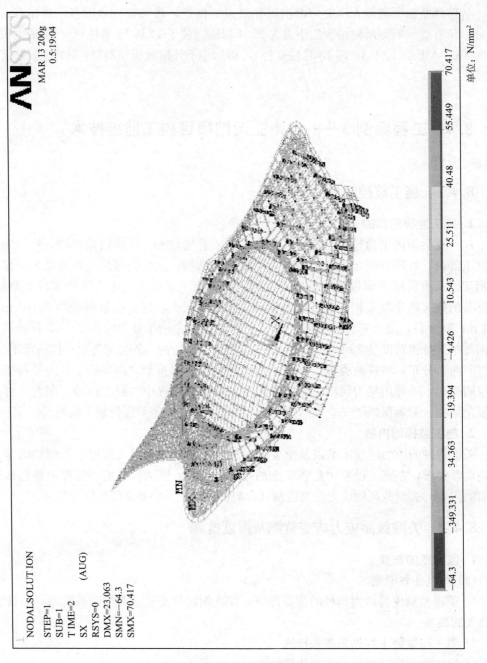

图 8-38　安装完成时结构应力云图

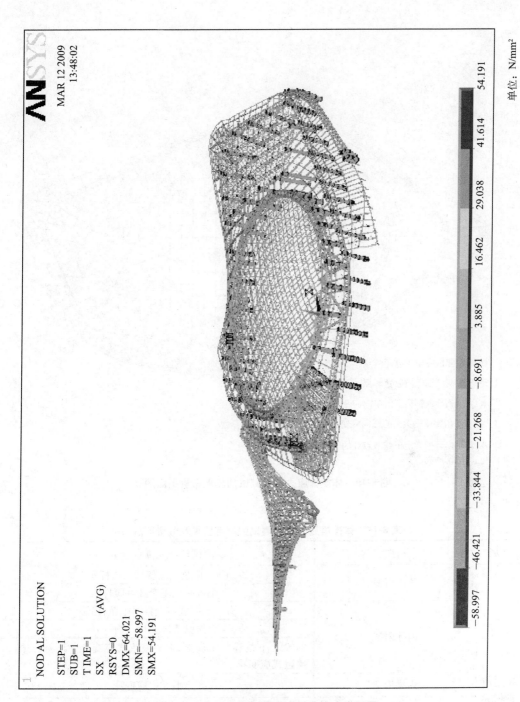

图 8-39　分区分级卸载完成时结构应力云图

　　根据施工模拟的初步分析结果，同时兼顾上述测点布置原则，确定应力应变的测试构件和测试位置，见图 8-40。表 8-15 为体操馆应力应变测点位置及数量汇总。

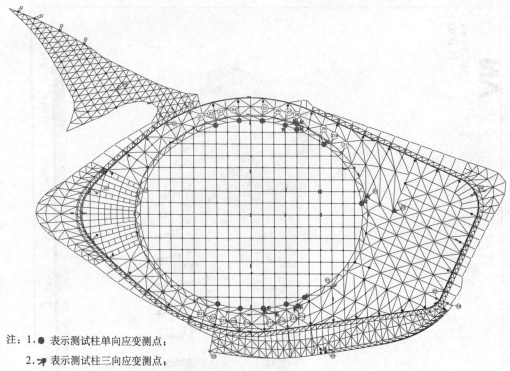

注：1. ● 表示测试柱单向应变测点；

2. ↗ 表示测试柱三向应变测点；

3. ▬ 表示桁架或钢梁上的单向应变测点；

4. ↗ 表示桁架或钢梁上的三向应变测点；

5. ● 表示内环桁架上下弦节点处的三
　　向应变测点。

图 8-40　体操馆应力应变测试的测点布置平面图

表 8-15　体操馆应力应变测试的测点位置及数量汇总

区域	构件	测试杆件或测点数量
钢梁或钢桁架	外环桁架	10 个振弦式应变计（弦杆）
		2 个振弦式应变计（腹杆）
	内环桁架	8 个振弦式应变计（上弦杆）
		4 个振弦式应变计（腹杆）
		24 个上下弦节点处布置 24 个振弦式应变计，15 个三相电阻式应变花
	内拱桁架	14 个振弦式应变计
	内外环之间（包括热身馆）	8 个振弦式应变计
	飘带区域	8 个振弦式应变计
	外环桁架外悬挑部分	2 个振弦式应变计
	南面最外围桁架	1 个振弦式（跨中）
	小计	81 个振弦式，15 个三相电阻应变花

区域	构件	测试杆件或测点数量
钢柱及铸钢节点	外环柱	7 根，共 7 个振弦式应变计
	内环柱	22 根，22 个振弦式应变计，4 个三相电阻应变花
	热身场	1 根，共 1 个振弦式应变计
	飘带	1 根，共 1 个振弦式应变计
	其他	1 根，共 1 个振弦式应变计
	南面外围桁架两边的柱子	2 根，共 2 个振弦式应变计
	小计	共 34 根柱，共 34 个振弦式应变计，4 个三相电阻应变花
总计		115 个振弦式应变计，19 个三相电阻应变花

（3）综合馆应力应变及温度测点布置

综合馆的结构包括一层钢筋混凝土结构，以及空间钢结构的屋盖部分。钢结构屋盖包括：半椭圆状弓形屋顶、长方形弓形屋顶、周边环形桁架及相关联系杆件组成的屋盖以及尾状屋盖。涉及的主要钢结构构件类型有圆管、方管、工字形截面，构件之间主要采用焊接、螺栓连接等连接方式。屋盖部分的主要结构体系为外圈由下层延伸上来的内环钢筋混凝土柱、连接各钢筋混凝土柱的大截面环梁、架设在环梁上的管桁架屋盖体系、外环钢柱、连接外环钢柱的环形管桁架和连接内外桁架的主次梁体系，以及两侧幕墙斜柱和尾部结构。

图 8-41 为综合馆内外环桁架及连接内外桁架的主次梁体系安装完毕时的结构梁单元应力云图。

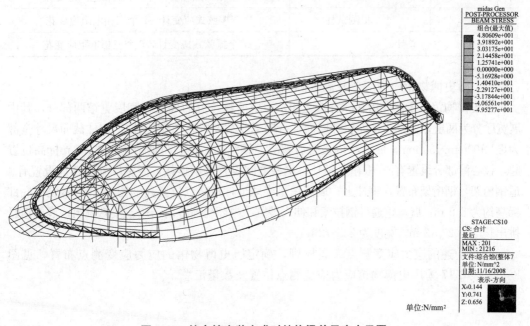

图 8-41　综合馆安装完成时结构梁单元应力云图

　　根据前述的应力应变测点布置原则以及综合馆的初步有限元模型分析结果，确定综合馆的应力应变测点布置，见图 8-42。表 8-16 为综合馆应力应变测点位置及数量汇总。

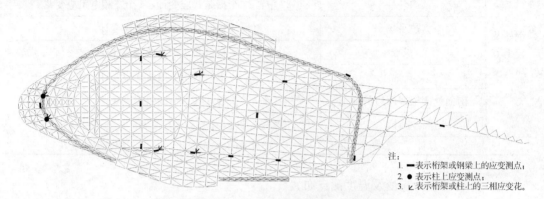

注：
1. ▬ 表示桁架或钢梁上的应变测点；
2. ● 表示柱上应变测点；
3. ↙ 表示桁架或柱上的三相应变花。

图 8-42　综合馆应力应变测试的测点布置平面图

表 8-16　综合馆应力应变测试的测点位置及数量汇总

构件	区域	测点数量
钢梁或钢桁架	外环桁架	3 个振弦式应变计
	半椭圆状弓形屋顶	5 个振弦式应变计，2 个三相电阻应变花
	长方形弓形屋顶	6 个振弦式应变计，2 个三相电阻应变花
	尾状屋盖	1 个振弦式应变计
	小计	15 个振弦式应变计，4 个三相电阻应变花
钢柱	共 2 根测试柱	2 个振弦式应变计，2 个三相电阻应变花
总计		17 个振弦式应变计，6 个三相电阻应变花

　　（4）历史博物馆应力应变及温度测点布置

　　历史博物馆位于体操馆和综合馆之间，历史博物馆分为展览厅和展览馆两部分，其中展览厅分为两层，分别是楼面层和屋面层，展览厅共设置有 10 根钢柱，钢柱截面尺寸全部为 $\varnothing 1\,100\text{mm} \times 30\,\text{mm}$，展览厅内设置有核心筒钢结构，核心筒钢结构由 $-1.3\,\text{m}$ 标高位置起，核心筒部分设置有 10 根箱形钢柱，钢柱之间设置钢梁连接，展览厅外围四周设置有 4 道钢桁架，钢桁架布置在钢柱上；展览馆呈半球形，最高点位置高度为 18 m，展览馆底部标高约为 8.5 m，展览馆通过钢拉索和伸入展览厅内环绕核心筒结构连接悬挑出，展览馆悬挑出长度为 26.12 m，宽度为 22.872 m。

　　根据前述的应力应变测点布置原则，确定历史博物馆的应力应变测点布置，见图 8-43。表 8-17 为历史博物馆应力应变测点位置及数量汇总。

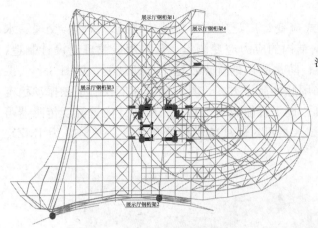

注：1. ▬ 为钢桁架应变测点，共计5个振弦式应变计；

2. ● 为测试钢柱，共6根。外围2根测试柱底置2个振弦式应变计和2个应变花；

3. ↘ 为应变花，共4个应变花；

4. ▬ 为核心筒剪力墙的应变测点，共布置4个振弦式应变计。

图 8-43　历史博物馆应力应变测试的测点布置平面图

表 8-17　历史博物馆应力应变测试的测点位置及数量汇总

区域	构件	测点数量
展览厅	核心筒钢柱	4 根，7 个振弦式应变计，4 个三相电阻应变花
	核心筒剪力墙	4 个振弦式应变计，4 个三相电阻应变花
	外围钢柱	2 根，2 个振弦式应变计，2 个三相电阻应变花
	楼面层桁架	2 个振弦式应变计
	小计	15 个振弦式应变计，10 个三相电阻应变花
展览馆	主桁架	2 个振弦式应变计
	环桁架	1 个振弦式应变计
	碗底，与核心筒连接杆件	2 个振弦式应变计
	铰支座	2 个振弦式应变计，2 个三相电阻应变花
	碗底节点	3 个振弦式应变计，3 个三相电阻应变花
	小计	10 个振弦式应变计，5 个三相电阻应变花
总计		25 个振弦式应变计，15 个三相电阻应变花

2. 监测方法及仪器

（1）监测方法

该项目主要采用振弦式应变计进行应变测试。对于一些振弦式应变计安装不便的地方（多根杆件汇集的节点处以及圆钢管杆件）需要测定三相应变时，采用电阻式应变花。在施工现场复杂条件下，电阻式应变花的成活率可能难以保证，且其数据的稳定性、准确度相对较差。为此，在凡是需要粘贴三相电阻式应变花的测点位置附近，均安装一个振弦式应变计，以对电阻式应变花的数据进行校准。振弦式应变计和电阻式应变花采用不同的采集仪器。对于振弦式应变计，选用长沙金码高科技实业有限公司生产的 JMZX-212 型表面智能数码振弦式应变计，其自带温度传感器，因此可以根据温度差直接修正温度对应力的影响。而对于采用电阻式应变花，需要另外增加温度补偿的应变计。

（2）传感器的技术指标

JMZX-212型表面智能数码弦式应变计广泛应用于桥梁、建筑、铁路、交通、水电、大坝等工程领域的混凝土及钢结构的应力应变测量。它采用振弦理论设计制造，具有高灵敏度、高精度、高稳定性、防水耐用的优点，适于长期观测，见图8-44。振弦式传感器内置高性能激振器，采用脉冲激振方式，具有测试速度快、钢弦振动稳定可靠、频率信号长距离传输不失真、抗干扰能力强等特点。应变计内置温度传感器可直接测量测点温度（温度型），测试人员可对应变值进行温度修正。表8-18为JMZX-212型应变计的技术指标。

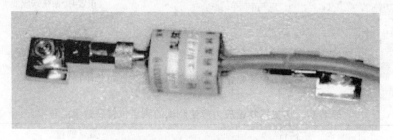

图 8-44　JMZX-212 型表面智能数码弦式应变计

表 8-18　JMZX-212 型应变计的技术指标

项目	技术指标	JMZX-212
应变计	量程/$\mu\varepsilon$	$\pm 1\,500$
	精度	2.5%F.S.
	分辨率/$\mu\varepsilon$	1
	操作温度/℃	$-10\sim+70$
	测量标距/mm	128
温度计	范围/℃	$-20\sim110$
	精度/℃	± 1

（3）仪器安装

JMZX-212型应变计与钢结构表面采用焊接方式连接。连接的主要步骤为：

1）将应变计自带的基座拆下，装入安装模板。将钢结构表面用粗纱布做打磨处理，通过点焊基座的方式，在钢结构上形成螺栓，点焊位置及安装模板见图8-45。将应变计装入冷却后的基座内，观察应变计到位情况，两端应平整，中间不得与被测结构体相接触，如有则应加垫片进行调整。

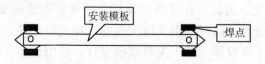

图 8-45　JMZX-212 安装示意图

2）两边带上M6的螺母，先拧紧图8-45中左侧基座（即没有调节螺母的一端）。

在拧紧时为防止被拧紧螺母带动应变计，导致应变计扭曲，应在拧紧螺母的同时用手扶着左侧的端座施加反力。

3）测量应变计读数，调整调节螺母将应变值调整在 1 500$\mu\varepsilon$ 左右，若结构体受力变形较大，受压应变值应调至 2 800$\mu\varepsilon$ 左右，再拧紧图 8-45 中右侧基座，拧紧时为防止被拧紧的螺母带动应变计，导致应变计扭曲，应在拧紧螺母的同时用手扶着右侧的端座施加反力。

4）最后将应变计上的调节螺母完全旋松，用小铁锤轻击左右端，防止螺母虚假锁死。测量应变值应能稳定，否则要重新安装。

3. 监测阶段

（1）测试构件吊装就位及安装完毕。

（2）结构主体安装就位完成，整体卸载前。

（3）结构整体卸载完毕后。

（4）屋面、幕墙安装后。

8.4.3　结构位移监测

监测目的

结构位移是反映结构性态的主要参数之一，通过对施工过程中结构关键测点的位移实时监控，并依据位移量的大小和变化趋势，可有效判断屋盖结构的几何形状是否满足设计要求，并可综合反映实际结构的刚度、边界条件、连接节点性能等与理论计算模型的相似程度。

8.4.4　测点布置

1. 测点布置原则

（1）控制施工过程中结构的整体构形。

（2）反映施工安装全过程中（包括卸载过程）结构位移的响应规律。

（3）顾及结构整体性的基础上，着重考虑位移变化敏感区域。

（4）在满足以上条件的同时，所选取的测点还应便于安装和观测。

2. 体操馆测点布置

根据布置原则和该结构体系的特点，并结合施工阶段的初步模拟分析结果，确定位移测点的布置，见图 8-46，表 8-19 为体操馆位移测点布置及数量汇总。

表 8-19　体操馆位移测点位置及数量汇总

部位	测点数
柱顶位移	31
桁架或钢梁	30
飘带滑动支座	4
总计	65

3. 综合馆测点布置

综合馆由半椭圆状弓形屋顶、长方形曲面屋顶、周边环形桁架及相关联系杆件组

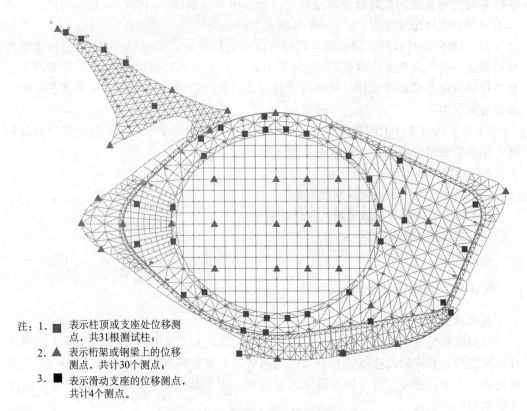

注：1. ■ 表示柱顶或支座处位移测
     点，共31根测试柱；
   2. ▲ 表示桁架或钢梁上的位移
     测点，共计30个测点；
   3. ■ 表示滑动支座的位移测点，
     共计4个测点。

图 8-46 体操馆位移测点布置平面图

成的屋盖以及尾状屋盖组合而成。同样根据上述原则和综合馆的结构和施工特点来确
定位移测点的布置，见图 8-47。表 8-20 为综合馆位移测点布置及数量汇总。

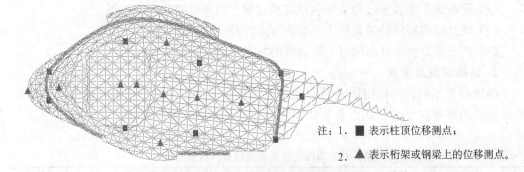

注：1. ■ 表示柱顶位移测点；

   2. ▲ 表示桁架或钢梁上的位移测点。

图 8-47 综合馆位移测点布置平面图

表 8-20 综合馆位移测点位置及数量汇总

部位	测点数
柱顶位移	9
桁架或钢梁	9
总计	18

4. 历史博物馆测点布置

历史博物馆位于体操馆和综合馆之间，由展览厅和展览馆两部分组成。综合考虑，着重对屋盖部分进行位移监测，测点布置见图 8-48。表 8-21 为历史博物馆位移测点布置及数量汇总。

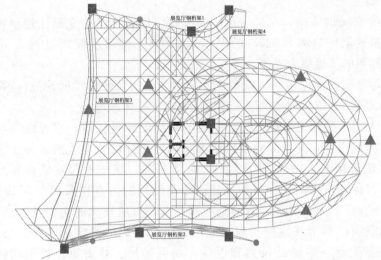

注：1. ■ 表示柱顶位移测点，共8根测试柱；

2. ▲ 表示桁架或钢梁上的位移测点，共计7个测点。

图 8-48　历史博物馆位移测点布置平面图

表 8-21　历史博物馆位移测点位置及数量汇总

部位	测点数
柱顶位移	8
桁架或钢梁	7
总计	15

8.4.5　监测时机选取及监测阶段

1. 监测时机

设计所提供的每个施工阶段的相应标高和其他变形值，一般都是基于某种标准气温下的设计值，而大型复杂空间结构往往跨季节、跨昼夜施工。温度变化，特别是日照温差的变化对于结构变形的影响是复杂的，将温差变化所引起的结构变形从实测变形值中分离出来也是相当困难的。因此，应尽量选择温度变化小的时机进行测量，力求将温度、日照对施工控制的影响降到最小限度。对一些大型复杂空间结构温度影响的测试表明，在气候条件最不利的夏季，清晨日出之前的气温较均匀，且最接近季节平均气温，是测量的较好时机。

2. 监测阶段

位移监测与应力应变测试同步，主要有：

（1）测试构件吊装就位及安装完毕。

（2）结构主体安装就位完成，整体卸载前。

（3）结构整体卸载完毕后。

（4）屋面、幕墙安装后。

3. 监测方法及仪器

该项目属于大跨度空间钢结构，在外荷载、温度效应作用下结构变形比较敏感，因此，依据《工程测量规范》（GB 50026—2007）、《建筑变形测量规程》（JGJ/T 8—2007）等规定，变形监测的等级取为二等。

根据变形监测的等级要求，位移测试仪器主要采用全站仪及配套反射片或反射棱镜，测量基准点的选取将结合施工现场的施工放线控制点来具体确定。

全站仪是目前在大型工程施工现场采用的主要的高精度测量仪器，它可以单机、远程、高精度快速放样或观测，并可结合现场情况灵活地避开可能发生的多种干扰。本次测试全站仪选用瑞士徕卡全站仪 TCA2003，见图 8-49，其技术参数见表 8-22。当测点距离较远时，目标测点采用配套反射棱镜，距离较近时可直接采用图 8-50 的光学反射片（亦称反光板）。为了保证观测的精度和速度，对所观测的主要控制点应设强制对中固定观测墩座；对于其他控制点也应尽量设强制对中固定标志杆，以便于精确照准。此外还应配套一些辅助仪器和设备，如钢卷尺、对讲机、数码相机、笔记本等。

图 8-49　瑞士徕卡全站仪 TCA2003

图 8-50　反射片

表 8-22　瑞士徕卡全站仪 TCA2003 的技术参数表

项目	技术指标
角度测量	测角精度：$0.5''$ 标准偏差：$2''$
望远镜	放大倍率：$32\times$ 视场角：$1°33''$ 最短视距：1.7 m 十字丝：带照明
补偿器	设置精度：$0.3''$

项目	技术指标
测距	测距精度：1 mm＋1ppm 测程：2 500 m（单棱镜），3 500 m（棱镜片）
通信接口	RS232
激光对中器	精度：仪器高为 1.5 m 时，1.5 mm
工作环境	操作温度：－20～50℃ 防水、防尘：IP54 操作湿度：95％，非凝结

采用全站仪进行位移测试时，应注意以下事项：

（1）如前所述，清晨日出之前为最佳监测时机。若错过该时间，则应注意日光下测量须避免将物镜直接瞄准太阳。若必须在太阳下作业，则应安装滤光镜。

（2）若仪器工作处的温度与存放处的温度差异太大，应先将仪器留在箱内，直至它适应环境温度后再使用仪器。

（3）作业前应仔细全面检查仪器，确保仪器各项指标、功能、电源、初始设置和改正参数均符合要求后再进行作业。

（4）TCA2003 系列全站仪发射光是激光，使用时不能对准眼睛。

8.4.6　实施效果

通过委托华南理工大学对钢结构安装和卸载全过程的应力（含温度）、位移监测，在整个应力监测过程中，大部分测点的应力水平都较低，只有少数几个测点的应力在监测期内超过了 100 MPa（如测点 Z8、Z27、Z33、J4、J6、J8、J12、G6 和 H12），得出结构应力变化平缓，结构的实际状况与理论状态接近。

在整个监测期内，所有钢结构（柱顶、桁架或钢梁）的水平位移均较小，最大值为 29.9 mm；整个结构的最大竖向挠度发生在内拱桁架的跨中位置，监测期内内拱桁架的最大挠度约为 160 mm，小于钢结构设计规范规定的主梁或桁架允许位移为 $L/400$ 的限值（约 248 mm），水平位移小于设计规范规定，符合设计及规范的要求。

第9章 超大型项目机电设备安装与装饰施工新技术

9.1 工程案例1——广州塔项目施工机电设备安装与装饰施工技术

9.1.1 风机安装技术

1. 概述

空调系统分成三大部分：A、B、C 段（低区）集中供冷，冷源由位于地下二层的 4 台水冷离心冷水机组提供；D、E 段（高区）采用风冷（热泵）机组系统；A 段部分需独立运行的市政配套用房或 24 h 运行的弱电控制室采用 VRV 系统和分体空调机。

低区制冷机房内核心设备为 4 台冷水机组，为 A、B、C 三个功能区集中供冷。五台冷却水循环泵和五台冷冻水循环泵分别为冷冻水和冷却水系统工程提供动力。

高区空调主机为两台风冷冷水机组（供冷 142USRT/台）、两台风冷热泵（供冷 142USRT/台，供热 465kW/台）机组，位于标高＋355.20 m 屋面风冷机房，分别组成两套独立的供冷（供热）系统。

2. 风机安装技术

（1）水冷离心式冷水机组安装

低区空调节器主机用 4 台可变流量运行的 2 110 kW（600USRT）冷水机组，总装机冷负荷为：8 440 kW（2 400USRT），为机电设备安装工程中最大的整装设备，机房设于地下二层东北角，机组参数见表 9-1。

表 9-1　机组参数表

运输重量	制冷量	冷冻水进出水温	冷却水进出水温	电机功率	外形尺寸
约 13 t	600USRT/台（2 110 kW/台）	可变流量 7/12℃	32/37℃	380 kW	4 390 mm（长）1 965 mm（宽）2 666 mm（高）

1）机组安装前应对基础进行复核，复核内容包括基础平面位置、长宽高尺寸、预留地脚螺栓孔洞位置、混凝土标号、基础表面平整度等。根据吊装口的位置和设备的平面布置确定设备吊装的方案，确定运输路线和就位顺序。

2）机组找平可根据设备的具体外形选定测量基准面，用水平仪测量，拧住地板上的螺栓进行调整，机组纵向、横向的水平偏差均不大于1/1 000。特别注意保证机组的纵向（轴向）水平度。

3）机组找正找平后，进行二次灌浆。将基础上的杂物、尘土及油垢冲洗干净，保持基础面湿润，但表面麻面凹坑内不应有积水。灌浆不能间断，所用水泥强度比基础标号高一级，并须一次完成。灌浆时应随时捣实，灌浆后注意养护。

4）设备接管管道应单独设支、吊架进行支撑，机组设备不承受管道、管件以及阀门的重量。

（2）模块化风冷冷水及风冷冷水（热泵）机组安装

模块化风冷冷水及风冷冷水（热泵）机组位于 355.2 m 设备层，共两台风冷冷水机组、两台风冷冷水（热泵）机组，均为模式块化组装，单个模块运行重量约 1 t。安装注意事项：

① 机组安装前首先核对设备基础，平面坐标、尺寸、混凝土标号、平整度必须符合图纸及设备运行要求。设备于混凝土基础必须用螺栓固定，机组与基础之间应安装减震器。

② 机组到达安装现场后，验收后必须做好成品保护。在移动吊运过程中，须小心操作，以免伤及设备，在机组四周做好防护外框。机体就位后覆盖好防护物品，确保设备安全。

③ 供回水管保温要良好，以防结露及冷热量的损失。

④ 机组外壳必须接地良好。

⑤ 机组与系统管路之间要加装隔震软管。管路系统的重量不能由机组承担。

（3）板式换热器安装

在标高 84.8 m 层设两台水冷板式热交换器，隔离高低区，承担中区空调负荷，解决设备及管道配件承压问题。板式热交换器见图 9-1，参数见表 9-2。

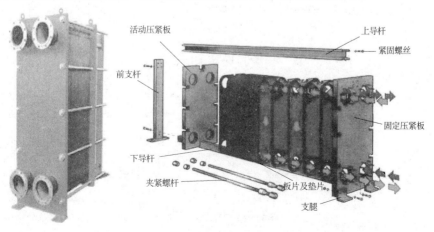

图 9-1　板式热交换器图

表 9-2　板式热交换器参数表

编号	数量	进出水温度	水流量	换热量	安装位置
HX-H84.8-1，2	2 台	7～12℃/8～13℃	240 m³/h	1 400 kW	84.8 m 热交换机房

1）安装前首先复核设备基础，弹出基础定位线，安装热交换器，并预留足够的维修操作空间。有关安装程序须遵照厂家提供的建议。

2）热交换器与其基座之间须装设 20 mm 厚的氯丁橡胶垫片。

3）安装完毕的热交换器须进行橡塑保温，以防止热能流失和冷凝水产生。

（4）水泵的安装

该工程空调系统用水泵有双吸离心水泵、端吸离心式板换水泵、管道式冷水泵。水泵参数见表 9-3。

表 9-3　水泵参数表

型号	数量	安装位置	承压	流量	扬程	备注
冷冻水泵 CHWP-1～5	5	—10.00 m	1.6	400	340	1 台备用
冷冻水泵 CHWP-H355.2-1～6	6	+355.2 m	1.6	95	300	2 台备用
冷却水泵 CWP-1～5	5	—10.00 m	1.0	500	240	1 台备用
板换冷冻水泵 HXCHWP-1～3	3	+84.80 m	1.6	200	250	1 台备用

1）安装前应对水泵基础进行复核验收，基础尺寸、标高、地脚螺栓孔的纵横向偏差应符合标准规范要求。

2）水泵开箱检查：按设备的技术文件的规定清点水泵的零部件，并做好记录，对缺损件应与供应商联系妥善解决；管口的保护物和堵盖应完善。核对水泵的主要安装尺寸应与工程设计相符。

3）水泵就位后应根据标准要求找平找正，其横向水平度不应超过 0.1 mm/m，水平联轴器轴向倾斜 0.8 mm/m，径向位移不超过 0.1 mm。

4）找平找正后进行管道附件安装，安装无推力式不锈钢波纹管软接头时，应保证在自由状态下连接，不得强力连接。在阀门附近要设固定支架。

5）水泵安装及隔震，根据设计图纸及规范的要求，该工程地下二层水泵设橡胶减震垫，84.8 m 层板换二次冷冻水泵设减震台架，355.2 m 层建筑楼板为浮筑减震楼板，风冷冷水机组的冷冻水泵设减震台架。安装方式见图 9-2、图 9-3。

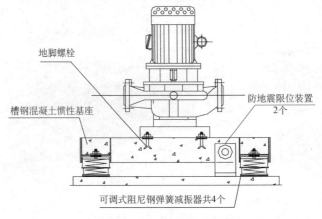

图 9-2　立式水泵安装图

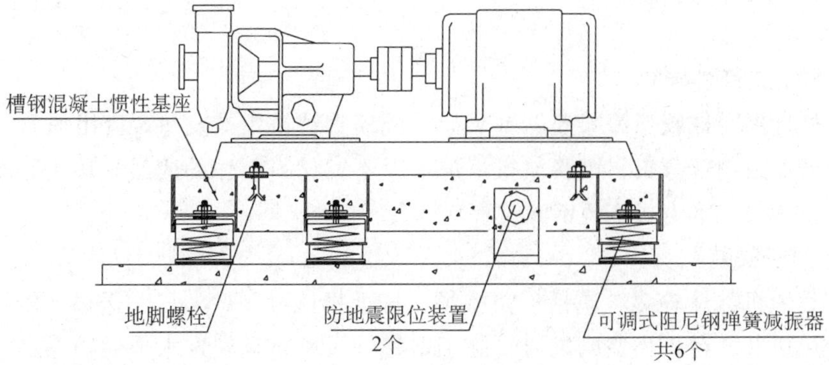

图 9-3　卧式水泵安装图

（5）水泵的调试

1）水泵调试前应检查电动机的转向是否与水泵的转向一致、各固定连接部位有无松动、各指示仪表、安全保护装置及电控装置是否灵敏、准确可靠。泵在运转时，转子及各运动部件运转应正常，无异常声响和摩擦现象。附属系统运转正常；管道连接牢固无渗漏，运转过程中还应测试轴承的温升，其温升应符合规范要求。

2）水泵试运转结束后，应将水泵出入口的阀门和附属管路系统的阀门关闭，将泵内的积水排干净，防止锈蚀。

3. 空调机组安装

该工程共有各种空调机组 81 台，其中部分设在空调机房，部分在吊顶内，故空调安装分吊装和落地安装两种。

（1）施工准备

首先根据所选设备外形尺寸考虑解决吊装和运输通道。尺寸过大的设备在订货时明确采用现场组装方式；复核现浇混凝土基础并找平弹线定位；机组安装前开箱检查清点，核对产品说明书、操作手册等技术文件，做好开箱检查记录及编号工作。现场组装的空调机组必须对每一个组件进行单独编号。

（2）设备运输

空调机组具备安装条件后，运至现场的临时堆场，由现场设备负责人接收后，按设备编号迅速分运至各设备安装部位。

楼层内空调机组垂直运输可通过施工电梯或塔吊运到各相应楼层，然后再水平运输至安装部位。地下室各层车道相连，利用叉车运输。

（3）机组安装

机组安装时必须首先核对机组编号与图纸上的设备编号，确保一一对应。对于部分分段组装空调机组，应检查清楚所含组件，不得遗漏。

机组的减震装置分为适用于座地安装机组和吊装机组两种类型。座地安装的基础采取两种方式，一种是采用橡胶减震垫，另一种采用弹簧减震器。吊装机组采用阻尼减震吊钩或弹簧减震吊钩。采用何种方式视设备使用说明书及使用环境要求而定。

（4）与系统管线接驳

空气处理器设橡胶弹簧减震器（支架）或横直纹橡胶减震垫，进出风管均设阻抗复合式消音器或消音弯头，风管与机组连接设不燃材料制作的成品软接头。冷冻水管与机组连接均设无推力式不锈钢波纹管软接头。

4. 通风机安装

该工程风机数量较多，包括消防排烟、排烟排风合用、加压、送风、排风、补风机等各类风机 226 台，小型风机通过施工电梯进行垂直运输，水平运输通过液压搬运车运至安装地点。

1）安装前应清点随机配件及文件，详细阅读使用说明书。

2）整体安装的风机，搬运和吊装的绳索不得捆缚在转子和机壳或轴承盖的吊环上。

3）通风机的进风管、出风管等装置应有单独的支撑，并与基础或其他建筑物连接牢固；软管与风机连接时，不得强迫对口，机壳不应承受其他机件的重量。

4）当通风机的进风口或进风管路直通大气时，应加装保护网或采取其他安全措施。

5）基础各部位尺寸符合设计要求。预留孔灌浆前清除杂物，灌浆用细石混凝土，强度等级比基础的混凝土高一级，并应捣固密实，地脚螺栓不得歪斜。

6）电动机应水平安装在滑座上或固定在基础上，安装在室外的电动机应设防雨罩。

7）固定通风机的地脚螺栓，除应带有垫圈外，并应有防松装置。风机与支架间都应设减震垫，或设置减震吊架。安装隔震器的地面应平整，各组隔震器承受荷载的压缩量应均匀，不得偏心，隔震器安装完毕，在其使用前应采取防止位移及过载等保护措施。

8）吊装离心风机选用采取消声减震措施的风机箱；按风机重量选用弹簧减震吊架；风机进出口风管设不燃材料制作的成品软接头。

9）落地通风机安装采用混凝土基础，基础与风机底座之间采用弹簧减震垫，各组减震器承受的荷载压缩量应均匀，不偏心。风机进出口风管设不燃材料制作的成品软接头，安装示意图与空调机组相同。

5. 风机盘管安装

该工程共有各型风机盘管 242 台，风机盘管吊装采用 $\varnothing 10$ 或 $\varnothing 8$（根据设备规格）镀锌通丝螺杆，根据实际情况调整盘管标高和水平度。

1）风机盘管安装前应检查每台电机壳体及表面交换器有无损伤、锈蚀等缺陷。积水盘平整，保温完整。水管接口完好。每台进行通电试验检查，机械部分不得摩擦，噪声正常，电气部分接线正确、导线绝缘良好，有专用接地端子且端子与机体金属部分连接可靠。

2）风机盘管逐台进行水压试验，试验压力为工作压力的 1.5 倍，定压后观察 2～3 min无渗漏即为合格。

3) 风机盘管与进出风管之间均按设计要求设软接头，以防震动产生噪声。风机盘管与水管连接采用金属软管，便于对口及减震。

4) 吊装支架安装牢固，位置正确，吊杆不应自由摆动，吊杆与风机盘管相连应用双螺母紧固找平找正。

5) 冷热水管与风机盘管连接应平直，凝结水管采用软性连接，并用喉箍紧固严禁渗漏，坡度应正确，凝结水应畅通地流到指定的位置，水盘无积水现象。

6. 实施效果

空调系统所占整个工程能耗一半以上，对于广州塔这种大型工程来说，正确布置空调系统显得十分必要。整个广州塔的空调系统，通过集中与独立相结合的原则，在低区采用集中供冷，冷源由位于地下二层的四台水冷离心冷水机组提供；在高区采用风冷（热泵）机组系统；而 A 段部分需独立运行的市政配套用房或 24 h 运行的弱电控制室采用 VRV 系统和分体空调机。同时通过控制通风机组、空调机组、水泵及风机盘管的安装质量控制，实现了工程设计意图。

9.1.2　大型广场造型超厚石材快速就位铺装技术

1. 概述

广州塔项目 7.2 m 外观景平台面积约 29 000 m²，需要铺装的单块石材厚 100 mm，重量达 80kg/块。石材的铺贴以核心筒为中心，展开成 12 个不同长短轴的椭圆。在现场铺贴时，首先控制石材的进场时产品质量，破损、开裂石材一律不让进场，还注意挑色与分色的工作，确保每一块石材位置准确，铺贴牢固。

2. 施工图深化

1) 对原设计图纸的石材造型进行深化设计，其中包括：造型分解、不同造型之间的关系细化等。

2) 为保证大型广场石材铺装定位的准确性，需进行石材定位的深化设计。以全站仪坐标控制等手段，将石材定位分区域、分段进行控制，以此为基准进行石材铺装施工。

3) 为避免广场日后积水问题，对石材坡度进行标高深化设计，加密标高控制点，确保石材坡度符合设计及排水要求。

4) 对原设计图纸进行快速定位器的位置、排列等深化设计，见图 9-4，为刚性混凝土磨损层的接驳钢筋预留、快速定位器的安装等提供重要施工依据。

图 9-4　椭圆快速就位器平面位置图

3. 计算机模拟仿真施工技术

（1）利用计算机模拟仿真技术，对快速就位器的单个使用进行应用模拟，见图 9-5。

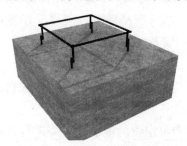

图 9-5　快速就位器单个模拟

（2）利用计算机模拟仿真技术，对快速就位器的整体应用进行仿真模拟。模拟实施如下工艺流程：

1）在刚性混凝土磨损层内钢筋网位置对石材初步平面控制及坡度定位，并进行接驳钢筋的预埋；

2）接驳钢筋的复核及快速就位器的安装固定；

3）快速就位器铺装前复核；

4）石材铺装；

5）石材完成平面控制及坡度定位的最终复核。

4. 快速就位器的制作

1）为满足石材单体重量的承载力要求，便于石材安放就位及后续石材拼接铺装，采用 $\varnothing$12 mm 钢筋制作尺寸为 400 mm×400 mm 的快速就位器，见图 9-6。并应对快速就位器进行承载力及稳定性的验算，确保满足支承石材的要求。

图 9-6　加工完成后的快速就位器

2）在混凝土磨损层钢筋网上预先测控快速就位器的安装位置及标高，并在钢筋网上绑扎接驳钢筋，以提供快速就位器的安装支点。在石材正式铺装前对快速就位器的安装位置进行复核，复核无误后，接驳钢筋与快速就位器焊接固定。

3）快速就位器固定后进行石材的铺装施工，并采用挂线方式进行铺装控制。

4）石材铺装砂浆虚铺厚度应为 30 mm、石材锤击次数为 15 次/块，确保砂浆厚度及密实度。

5）石材铺装完成后，对石材的位置及标高进行终测复核，复核无误后进行石材养护工作。

5. 砂浆虚铺厚度的确定

为防止由于砂浆的密实度不足导致铺设石材表面平整度差和出现错台等质量问题，故在现场对不同厚度的砂浆虚铺厚度进行试验，通过试验（试验结果见表 9-4～表 9-6）最终确定砂浆虚铺厚度为设计要求的砂浆厚度 30 mm，以确保砂浆的密实度达到设计要求。

表 9-4　砂浆虚铺厚度表

试验编号	砂浆厚度/mm	压缩量/mm	夯实后砂浆厚度/mm	锤击次数/次
1#	70（设计图纸要求砂浆厚度）＋10（砂浆虚铺厚度）	30	50	15
2#	70＋10	31	49	15
3#	70＋10	28	52	15
4#	70＋10	32	48	15
5#	70＋10	31	49	15
6#	70＋10	27	53	15
7#	70＋10	29	51	15
8#	70＋10	30	50	15
9#	70＋10	27	53	15
10#	70＋10	29	51	15
11#	70＋10	32	48	15
12#	70＋10	30	50	15
13#	70＋10	29	51	15

试验编号	砂浆厚度/mm	压缩量/mm	夯实后砂浆厚度/mm	锤击次数/次
14#	70+10	29	51	15
15#	70+10	27	53	15
16#	70+10	27	53	15
17#	70+10	28	52	15
18#	70+10	30	50	15
19#	70+10	31	49	15
20#	70+10	32	48	15

注：当砂浆虚铺厚度为 10 mm 时，其石材压实后压缩量少于设计要求的砂浆铺设厚度，不符合设计图纸要求。

表 9-5　砂浆虚铺厚度表

试验编号	砂浆厚度/mm	压缩量/mm	夯实后砂浆厚度/mm	锤击次数/次
1#	70（设计图纸要求砂浆厚度）＋20（砂浆虚铺厚度）	26	64	15
2#	70+20	27	63	15
3#	70+20	27	63	15
4#	70+20	28	62	15
5#	70+20	26	64	15
6#	70+20	29	61	15
7#	70+20	29	61	15
8#	70+20	31	69	15
9#	70+20	25	65	15
10#	70+20	26	64	15
11#	70+20	26	64	15
12#	70+20	27	63	15
13#	70+20	26	64	15
14#	70+20	25	65	15
15#	70+20	28	62	15
16#	70+20	27	63	15
17#	70+20	26	64	15
18#	70+20	26	64	15
19#	70+20	30	70	15
20#	70+20	27	63	15

注：当砂浆虚铺厚度为 20 mm 时，其石材压实后压缩量少于设计要求的砂浆铺设厚度，不符合设计图纸要求。

表 9-6　砂浆虚铺厚度表

试验编号	砂浆厚度/mm	压缩量/mm	夯实后砂浆厚度/mm	锤击次数/次
1#	70（设计图纸要求砂浆厚度）＋30（砂浆虚铺厚度）	28	72	15
2#	70＋30	27	73	15
3#	70＋30	27	73	15
4#	70＋30	28	72	15
5#	70＋30	30	70	15
6#	70＋30	29	71	15
7#	70＋30	29	71	15
8#	70＋30	29	71	15
9#	70＋30	27	73	15
10#	70＋30	28	72	15
11#	70＋30	28	72	15
12#	70＋30	27	73	15
13#	70＋30	26	74	15
14#	70＋30	29	71	15
15#	70＋30	28	72	15
16#	70＋30	27	73	15
17#	70＋30	26	74	15
18#	70＋30	26	74	15
19#	70＋30	27	73	15
20#	70＋30	27	73	15

注：当砂浆虚铺厚度为 30 mm 时，其石材压实后压缩量基本符合设计要求的砂浆铺设厚度，符合设计图纸要求。

6. 质量控制措施

1）混凝土施工质量应符合《混凝土结构工程施工质量验收规范》（GB 50204—2002）（2010 年版）、《混凝土质量控制标准》（GB 50164—2011）、《混凝土强度检验评定标准》（GB/T 50107—2010）和《混凝土泵送施工技术规程》（JGJ/T 10—2011）的要求。

2）混凝土配合比、原材料计量、搅拌、养护和施工缝处理必须符合施工规范规定。

3）混凝土所用的水泥、水、骨料、外加剂等必须符合施工规范及有关规定，使用前要检查出厂合格证或者检验报告，是否符合质量要求。

4）搅拌车到达施工现场卸料前，应使拌筒以 8～12r/min 转 1～2 min，然后再进行反转卸料。要严格把好混凝土品质关，检查每车搅拌车运输时间、混凝土坍落度、可泵性是否达到规定要求。对不合格者坚决予以退车，严禁不合格混凝土进入泵车输送，确保混凝土浇筑过程顺利进行。

5）混凝土初凝后立即进行保温保湿养护，混凝土浇筑完毕后，须在 12 h 内加以覆盖，并浇水养护。混凝土浇水养护日期一般不少于 7 d。

6）为了减少收缩裂缝，待混凝土表面无水渍时，宜进行第二次研压抹光。

7）刚性混凝土磨损层浇筑之前，必须对标高进行预控制，结合设计图纸标高，在现场每隔 20 m×20 m 采用竖向短钢筋与刚性层钢筋网进行点焊进行"分格控制，分段施工"，在混凝土浇筑过程中，全程安排人员定时对浇筑标高进行复测；浇筑的虚铺厚度应略大于板厚，用平板振动器垂直浇筑方向来回振捣。不断用移动标志来控制混凝土板厚度。

8）混凝土振捣完毕，用刮尺抹平表面。混凝土浇筑 1～2 h 后，抹面工进场，用 3 m 长的铝合金刮尺根据给定的水平标高将混凝土表面刮平，对凸出的石子，用方铲拍入或排出，用同级混凝土浆补上，再用刮尺刮平。

9）石材质量控制措施

① 石材规格应符合表 9-7 的要求。

表 9-7　石材规格尺寸允许偏差表

分类		粗面板材
等级		优等品
长度		0
宽度		−1.0 mm
厚度	≤15	0
	>15	+1.0 mm

② 石材平面允许极限公差应符合表 9-8 的要求。

表 9-8　石材平面允许极限公差表

板材长度范围	粗面板材
	优等品
≤400 mm	0.80 mm
>400 mm 至<1 000 mm	1.50 mm
≥1 000 mm	2.00 mm

③ 石材角度允许偏差应符合表 9-9 的要求。

表 9-9　石材角度允许偏差表

板材长度范围	粗面板材
	优等品
≤400 mm	0.60 mm
>400 mm	0.60 mm

④ 石材表面的外观缺陷应符合表 9-10 的要求。

表 9-10　石材表面的外观缺陷表

名称	规定内容	优等品	一等品	合格品
缺棱	长度不超过 10 mm（长度小于 5 mm 的不计）周边每米长（个）	不允许	1	2
缺角	面积不超过 5 mm×2 mm（面积小于 2 mm×2 mm 不计）每块板（个）		1	2
裂纹	长度不超过两端顺延至板边总长度的 1/10（长度小于 20 mm 的不计）每块板		1	2

名称	规定内容	优等品	一等品	合格品
色斑	面积不超过 20 mm×30 mm（面积小于 15 mm× 15 mm 不计）每块板（个）		1	2
色线	长度不超过两端顺延至板边总长度的 1/10（长度小于 40 mm 的不计）每块板		2	3
坑窝	粗面板材的下面出现坑窝		不明显	出现但不影响使用

10）石材锤击次数的质量控制措施

为确保石材铺装砂浆的密实度，对石材的锤击部位及次数应提前进行现场试验施工，得出最佳的锤击部位及适合锤击次数，使砂浆充分密实、石材与砂浆紧密结合。

7. 实施效果

广州塔项目的 7.2 m 外观景平台铺石面积大，石材单块重量大，石材造型要求高。通过快速定位器的发明与改进大大加快了施工速度，同时通过砂浆厚度的控制及施工过程的质量控制，提高了施工质量。大型广场造型超厚石材快速就位铺装施工工法被评为省级工法。

9.1.3 斜圆形柱表面饰面板无缝装饰处理技术

1. 概述

广州塔项目的内部主要以 24 根钢柱的垂直柱身、水平圆环组成，随着建筑物的高度上升逐渐改变造型的设计，表现出建筑物纤腰、妩媚妖娆的姿态。24 根斜圆钢柱坐落在 ±0.000 层，见图 9-7，需要融入 ±0.000 层的室内装饰装修中。24 根斜圆钢柱的金属感及力度感强，要求赋予更强的面层处理，让日后参观者能亲密接触体现钢柱力度。

图 9-7 大直径斜钢柱

登塔大厅的饰面按消防设计要求均要达到 A 级，钢柱耐高温较差，所以其外表面包裹防火泥，钢材的熔点为 1 300～1 500℃，而外饰面铝板的熔点为 500～600℃，外包铝板比钢柱的熔点更低，因此不能破坏钢材的防火层进行饰面的骨架施工。因此在最外饰面上只能以金属饰面板为装修面层，而圆柱的直径达 2 m，天花完成面主要标高是 3.9 m，饰面层必须分块拼装，拼装缝位的无缝装饰处理是一大难点。基底钢柱外包防火层，为了符合消防要求，防火层不能破坏。

2. 关键施工技术

（1）设计要求圆柱的饰面有金属质感，且无缝的效果。

（2）施工过程中不能破坏防火涂层。

（3）采用 50 mm×5 mm 扁钢铁绕卷曲成环紧抱圆柱的柱箍装置，柱箍靠 M8 螺栓连接收紧。针对圆柱且骨架不能与钢管柱身焊接连接的特点，设计出柱箍装置，每条柱身安装 5 个柱箍，采用螺杆进行收紧，见图 9-8。

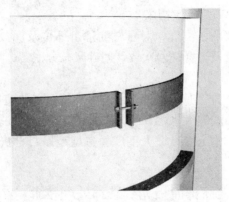

图 9-8　钢管柱箍模型图

（4）铝板加工采用数控激光进行切割板材，铝板边加肋采用植根工艺，改变以往工艺中使用的折边工艺，这样不会使铝板产生折边的弧形及铝板的微小变形，经过这样处理使得接口平顺自然，不觉有缝的效果，这样即减少厂家加工弧形铝板造成的变形及铝板尺寸的精度，有力保证缝宽的控制在 2 mm 之内，减少了填缝材料的使用。

（5）针对圆柱的骨架不能与钢管柱身焊接连接的特点，设计出柱箍装置，每条柱身安装 5 个柱箍，采用螺栓进行收紧。柱箍现场加工成型，50 mm×5 mm 扁钢弯制成型，采用 M8 螺栓连接。柱箍上安装 40 mm×40 mm 方形钢方管作为铝板安装底架（竖向），横向亦采用 40 mm×40 mm 方形钢方管作为骨架，横向骨架顶部与竖向焊接一起，见图 9-9。

图 9-9　施工中的斜圆钢柱

（6）铝板边不能用折边工艺，需采用数控激光进行切割板材，铝板边加肋采用植根工艺，这样即减少厂家加工弧形铝板造成的变形及铝板尺寸的精度，有力保证缝宽控制在 2 mm 之内；每个竖向大圆柱圆环位置平均分四份（横向圆柱分为两份），主要长度为 1 m 左右。

（7）经过前期的样板段试验，铝板及钢架经安装、焊接后产生的应力主要在 10 d 左右进行释放，而原子灰熟化时间也在 10 d 左右，产生应力释放，从而产生裂缝。

（8）完成铝板焊接的柱身后静置 2 d，然后使用原子灰进行填缝处理，钢骨内部应力释放造成的变形，将集中出现在原子灰缝上，导致原子灰产生开裂，这样观察内部应力而产生开裂十分直观。填缝 10 d 后，全面检查原子灰变化情况，发现原子灰开裂情况极少（存在开裂情况在 5‰ 之内），也说明了钢骨架内部应力产生变形的情况得到有效控制。

（9）板与板之间固定措施采用每隔 150 mm 进隔跳焊焊接工艺焊接牢固，减少焊接过程中产生的应力变化。采用原子灰填缝，对比传统建筑腻子填缝，也可满足一定的观感要求和环保要求。为确保原子灰及氟碳底漆的附着力，关键要了解铝板加工过程中产生铝板表面的污染，通过与铝板厂的沟通，掌握厂家加工铝板可能产生附着物的化学成分，再进行针对性现场清洗，严格控制这一工序，有力保证下一步喷漆与柱板的附着力。

3. 实施效果

通过借鉴和吸收国内其他地区相关施工经验，并进行了系统的试验和实践，±0.00层室内钢柱的铝板及面漆装饰，施工完成至今未有裂缝出现，见图 9-10，同时也经历了气候异常变化、温差、干湿度的考验，为同类装修项目提供实践数据和技术经验支持。

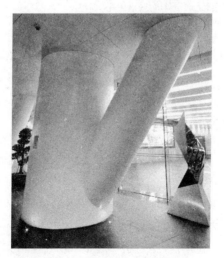

图 9-10　施工完成的斜型圆柱

9.2　工程案例 2——广州亚运馆项目变曲率大面积饰面清水混凝土墙施工技术

清水混凝土属于一次浇筑成型，不做任何外装饰，直接采用现浇混凝土的自然表面效果作为饰面，因此不同于普通混凝土，其表面平整光滑、色泽均匀、棱角分明、无碰损和污染，仅在其表面涂刷一层或两层透明的保护剂，因而显得十分天然、庄重。

随着绿色建筑的客观需求，人们环保意识在不断提高，返璞归真的自然思想深入人心，清水混凝土工程的需求已不再局限于道路桥梁、厂房，近年来开始在大型公共建筑中得到应用，特别是变曲率大面积饰面清水混凝土墙，更能体现清水混凝土朴实无华、自然沉稳的外观韵味。

9.2.1　概述

广州亚运馆主要由体操馆、综合馆、空中漫步走廊及历史博物馆四部分组成，总建筑面积约 52 126 m^2。该项目饰面清水混凝土墙的特点是：清水混凝土墙结合建筑物外围形状的变化，由多个不同曲率的弧形墙段与直墙段组成，平面曲率在 0.012～0.125，单幅清水混凝土墙长度达到 45.5 m，清水墙的高度为 12.94～15.52 m，最大浇筑面积为 647.47 m^2，总的施工面积达到 10 000 m^2，且设计要求达到饰面清水混凝土墙的效果。

9.2.2　实物样板墙设计和施工技术

针对该工程的特点，根据图纸反映，综合馆、体操馆及空中漫步走廊等多个部位采用清水混凝土结构，其工作量大，质量要求高，是项目实施过程中的一个重点和难点。为确保总体施工质量，同时为大面积铺开施工积累经验数据，选取了一段直形墙和一段弧形墙作为样板进行试作，墙身均设 900 mm×2 100 mm 门洞和 1 500 mm×1 000 mm 窗洞，窗台高度 900 mm；混凝土强度等级均为 C30。

在样板墙的设计过程中，特别针对弧形墙，进行荷载计算、模板强度验算、对拉螺栓计算、侧肋强度验算与外支撑体系验算，在达到计算验算后，才确定能满足弧形清水混凝土墙施工的整个模板体系。图 9-11 和图 9-12 分别为设计过程中形成的直形清水混凝土样板墙效果图和弧形清水混凝土样板墙效果图。

选取在建筑物外进行样板墙施工。为了更好地模拟实际的施工条件与施工环境，项目部从施工方案的编写、选用材料、机械设备的准备都考虑到狭窄空间中的大块模板安装与混凝土浇筑可能遇到的问题；在混凝土浇筑的过程中，混凝土的供应是否及时，要充分的提前协调与调度都做出了模拟，特别针对施工的关键点，如模板安装的整体稳定程度、施工缝的设置、浇筑时工人振捣的程度要求、设置门窗位置的边角漏浆处理措施，拆模时间的控制，混凝土的保养与成品保护等问题进行跟踪与过程控制，安排专人记录施工部位的质量情况，拆除模板后可以进行对比与总结经验。

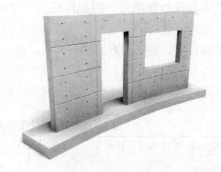

图 9-11　直形清水混凝土样板墙效果图　　　**图 9-12　弧形清水混凝土样板墙效果图**

　　通过上述的施工工艺和质量控制措施的研究，制作出了样板墙，见图 9-13。形成了针对直形墙和弧形墙的样板墙技术，为后续的多变曲率大面积饰面清水混凝土墙的施工打下良好的基础。

图 9-13　样板墙完成图

9.2.3　饰面清水混凝土的混凝土配合比设计

　　混凝土拌合物的性能是控制清水混凝土饰面质量的内因，直接关系到混凝土成型后的观感效果。根据《清水混凝土应用技术规程》（JGJ 169—2009）的清水混凝土关键是控制混凝土颜色、表面气泡数量、光洁度、密实度等观感效果以及耐久性，这些需要通过原材料的优选和质量控制、外加剂的使用、配合比的优化以及生产过程的有效控制，进而改变混凝土拌合物的性能和混凝土硬化后的各种性能，以达到最佳的预期效果。

　　1. 混凝土原材料选择

　　1）水泥选用 42.5R 的硅酸盐水泥，要求质量比较稳定、含碱量低、标准稠度用水量小，水泥原材料色泽均匀，采用同一厂家同一批次。

　　2）砂的细度模数要在 2.3 以上，颜色一致，含泥量在 3% 以内，大于 5 mm 的泥块含量小于 1%。

　　3）碎石连续级配好，颜色均匀，含泥量小于 1%，大于 5 mm 的泥块含量小于0.5%，针片状颗粒含量不大于 15%，骨料不带杂物。

　　4）外加剂使用 FS-3A 高效泵送剂。

　　5）引气剂的渗量必须经过系统的讨论和试验确定，不小于 4%，在 2%～4%。

　　2. 混凝土配合比设计

　　根据混凝土的性能要求及技术指标要求调整混凝土的配合比，确定混凝土的生产工艺参数及性能指标。模拟现场施工过程进行了 10 个配合比的反复试验。

通过调整砂率和水胶比，观察在不同砂率和水胶比发生±2%的变化时，对混凝土性能影响程度，振捣是否泌水、离析，对表面光洁度及色差的影响。在 10 个清水混凝土配合比反复试验的基础上，优化出该工程的每立方米 C30 清水混凝土最优配合比，见表 9-11。同时要求混凝土拌合物运输到达现场后，坍落度应控制在 160 mm±20 mm。

表 9-11　该工程的每立方米 C30 清水混凝土最优配合比

水胶比	含砂率/%	水泥/（kg/m³）	砂/（kg/m³）	石/（kg/m³）	水/（kg/m³）	外加剂/（kg/m³）
0.36	40.9	350	750	1020	160	6.3

9.2.4　变曲率大面积饰面清水混凝土墙模板体系设计

模板工程质量是达到饰面清水混凝土效果的首要条件和技术关键，必须保证模板尺寸准确，有足够的刚度，拼缝严密平整，板面平顺清洁，粗糙度满足要求。

1. 模板材料选用和设计

经过对模板材料的比选，模板的设计优化，确定了该项目的模板系统。具体的模板材料选用和设计见表 9-12。

表 9-12　模板材料选用和设计

使用部位	材料选择
面板	清水混凝土施工对模板要求高，板面平整度和模板刚度都必须达到要求。根据清水混凝土施工的特点，选用 17 mm 厚进口黑夹板，标准平面尺寸为 1 200 mm×2 400 mm，对于不要求清水混凝土的另一侧模板，则采用 18 mm 厚夹板。竖肋采用 80 mm×80 mm 木枋
竖肋	方钢管，截面尺寸为 50 mm×70 mm，壁厚 2 mm
外侧檩梁	∅48 mm 双钢管
对拉螺栓	

首层清水混凝土墙模板预留螺栓孔定位图

二层及以上清水混凝土墙模板预留螺栓孔定位图

使用部位	材料选择
斜支撑	∅48 钢管＋可调托
脱模剂	采用油性脱模剂，使浇筑完成表面平整光滑，手感细腻，有光泽，与混凝土颜色一致，达到清水混凝土效果

2. 相关构造

模板系统的相关构造见图 9-14、图 9-15。

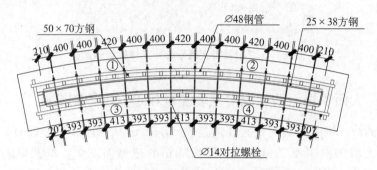

图 9-14 弧形墙模板平面分块示意图

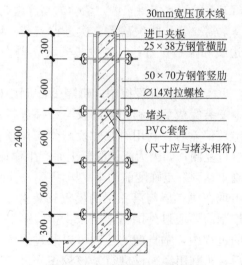

图 9-15 清水墙模板剖面示意图

二层及以上清水混凝土墙由于高度较高，部分位置可达 15.52 m，模板体系稳定性及垂直度是施工中的重要控制点。二层及以上较高的清水混凝土墙将采用分段浇筑的方式，每 3.6 m 一段向上浇筑，同时在墙体两侧采用 ∅48 mm 钢管搭设专用脚手架操作平台，平台宽度 0.8 m，综合横每隔 1 000 mm 设置 ∅48 mm 钢管支撑；有条件则利用已浇筑的结构柱进行联结，以保证模板体系稳定性及墙体垂直度，见图 9-16。

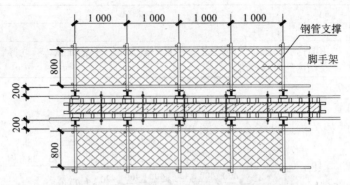

图 9-16 二层及以上清水墙外支撑设计示意图

9.2.5 大面积饰面清水混凝土墙测量和垂直度控制措施

该项目的清水混凝土墙的最大高度达到 15.52 m，平面曲率在 0.012～0.125，并且清水混凝土墙的曲率不是单一的，随着场馆的造型而变化，最大单幅墙体跨度达 45.5 m，高度为 12.94～15.52 m。为达到设计的总体要求与效果，特别针对清水混凝土墙体的高、弧、长等特点进行测量控制工作。

位于综合馆、体操馆二层的清水混凝土墙，墙体的高度由 6 m 到 15.52 m，对于墙体支模的安装，因为过高，需要分开两次甚至三次进行安装。墙模板安装前，先在结构楼面弹出墙体构件的边线和模板位置线，使模板安装误差在相邻轴线区间内消除，防止产生累计误差。

作为垂直度的控制，也需要分层分段控制，每隔 1 m 间距做好一个垂直度控制点的设置，在模板体系基本安装完成后，利用经纬仪与线锤进行垂直度的控制，发现清水混凝土墙顶部的模板出现偏差时，利用对拉螺栓与外支撑顶托进行调整。在浇筑混凝土后，对模板垂直度进行复测，如因为浇筑混凝土而产生模板变形，超过 5 mm，必须马上进行调整，在混凝土达到一定强度前调整完毕。

垂直度控制的难点出现在第二层与第三层的模板安装上。二层、三层的模板安装高度大，外支撑的系统控制需要通过外围搭架子来支撑，第二层的模板安装紧追墙体控制墨线，在模板安装的过程中，垂直度的控制可以通过线锤与红外线激光投线仪进行控制，模板安装完成后，再利用经纬仪进行复核校正。只有这样逐层严格控制，才能达到分三层浇筑的清水混凝土墙不会产生上下错台的现象。

9.2.6 大面积饰面清水混凝土墙曲率控制措施

针对墙体曲率的控制，首先要对弧形墙进行测量放线。因为一般的弧形墙体的弧度半径比较大，可以通过建立相对的测量坐标系统，通过每 500 mm 计算坐标进行测量放样，然后把弧形连接起来。把一段大的弧形分解成小段的弧形进行控制，但要确保弧形的整体弧度效果。

在模板制作时，用横向小方钢管来控制曲面的曲率，横向小方钢管与竖肋方钢管形成背部刚架，因为该项目中的弧度大的弧形墙模板较难弯曲，稍有不慎将令模板折断或者令模板体系变形。针对这个问题，弧形墙外侧模板采用开槽处理，每条凹槽间隔 300 mm，深度 5～7 mm，对模板进行弯曲，保证模板正常弯曲至较大弧度，然后固定于骨架上，使墙体弧度满足设计要求。具体步骤如下：

步骤一：25 mm×38 mm 方钢按设计尺寸及弯曲半径 R 现场加工弯曲成型，见图 9-17。

图 9-17　25 mm×38 mm 方钢现场加工图

步骤二：将 50 mm×70 mm 方钢管竖肋与 25 mm×38 mm 方钢固定，形成骨架，见图 9-18。

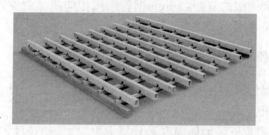

图 9-18　方钢管竖肋与方钢固定

步骤三：将模板弯曲定型于骨架上，用自攻螺丝固定好，见图 9-19。

图 9-19　模板弯曲定型于骨架

步骤四：模板外侧开槽处理后进行弯曲，见图 9-20。

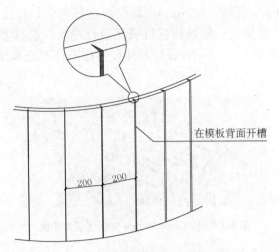

在模板背面开槽

图 9-20　模板外侧开槽处理后弯曲

　　步骤五：模板外侧檩梁的双 $\varnothing$48 mm 钢管采用相同曲面曲率进行弯曲，以确保曲面清水墙的拱面几何尺寸准确、圆滑及顺滑。

9.2.7　大面积饰面清水混凝土墙体厚度控制措施

　　由于清水混凝土墙体外观质量要求高，必须控制以下的关键技术措施，才能保证实物工程达到设计要求。

　　1）施工过程中，根据安装墙体厚度来计算 PVC 套管的长度，使堵头加 PVC 套管的整体长度等于墙体厚度，PVC 套管的直径须与堵头尺寸相符。

　　2）堵头加 PVC 套管必须保证具有足够刚度，同时对拉螺栓必须安装紧固，避免墙体因混凝土侧压力导致模板鼓胀变形。图 9-21 和图 9-22 分别为 PVC 套管实样和堵头加 PVC 套管安装实例图。

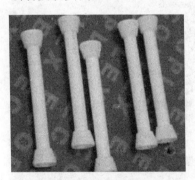

图 9-21　PVC 套管实样

图 9-22　堵头加 PVC 套管安装实例

9.2.8　大面积饰面清水混凝土钢筋保护层控制措施

　　为使清水混凝土达到饰面效果，需从翻样、制作、绑扎三个环节层层控制，同时严格控制保护层厚度。

1. 钢筋翻样

翻样时必须考虑钢筋的叠放位置和穿插顺序，考虑钢筋的占位避让关系以确定加工尺寸。应重点考虑钢筋接头形式、接头位置、搭接长度、锚固长度等对钢筋绑扎影响的控制点。通长钢筋应考虑端头弯头方向控制，以保证钢筋总长度及钢筋位置准确。

2. 钢筋制作

各种钢筋下料及成型的第一件产品必须自检无误后方可成批生产，外形尺寸较复杂的应由配料工长和质检员检查认可后方可继续生产。钢筋工程安装储存允许偏差应符合《混凝土结构工程质量验收规范》（GB 50204—2002）（2010 年版）的规定。

3. 钢筋绑扎

1）绑扎时扎丝多余部分向内弯折，以免因外露造成锈斑，双排筋外侧对应绑 15 mm厚塑料垫块，呈梅花形布置。墙体水平筋绑扎时多绑两道定位筋，高出板面400 mm，以防止墙体插筋移位。

2）在施工期间，严禁钢筋在场外放置时间过久，防止钢筋表面产生水锈、油污，避免在绑扎时污染到模板，进而脱模，影响到混凝土表面的观感质量。

4. 钢筋保护层厚度控制

1）在绑扎过程中我们会严格控制钢筋保护层厚度。出于对耐久性的考虑，对处在不同环境作用条件下的清水混凝土结构钢筋保护层的最小厚度，有不同的要求。在钢筋设计、加工、绑扎过程中必须满足保护层最小厚度要求，绑扎不牢靠时就会发生保护层厚度不足，这看似是一件小事，但影响甚大。因为保护层厚度不足时钢筋会发生锈蚀，铁锈体积比原钢筋的体积大 2～6 倍，混凝土就会沿着铁锈的方向开裂剥落，直接影响到清水混凝土的外观质量。以上所述是指主筋，箍筋保护层厚度不足时，沿着箍筋方向的混凝土也会出现微裂缝。根据《清水混凝土应用技术规程》（JGJ 169—2009）要求，清水混凝土墙保护层最小厚度不应小于 25 mm。

2）在墙体钢筋绑完后，为控制墙钢筋断面和保护层厚度，拉筋和保护层垫块不得漏放。

3）为控制保护层厚度，采用塑料环圈垫块，垫块按 500 mm×500 mm 梅花形布置，见图 9-23。

4）保护层垫块采用强度高、颜色与清水混凝土样板墙颜色接近的塑料垫块，在梁柱交叉处或钢筋密集处适当加密垫块数量，见图 9-24。为避免出现垫块与清水混凝土表面颜色、质量存在较大差异，不应使用强制砂浆垫块或细石混凝土垫块。

图 9-23　塑料垫块实样

图 9-24　塑料垫块安装实例

9.2.9 饰面清水混凝土浇筑振捣控制措施

该工程采用商品混凝土,在混凝土进场后,必须对混凝土进行检验,严禁在该工程使用不能满足设计要求的混凝土。

1) 在浇筑前,按规范要求制备试件,做好同条件养护和送检工作。

2) 首层混凝土浇筑分两次进行,先浇筑基础部分的混凝土,再浇筑清水混凝土墙。

3) 二层及以上清水混凝土最高浇筑高度达 15.52 m,浇筑时必须分层浇筑、每次浇筑高度为 3.6 m,两次浇筑之间设置横向施工缝。

4) 混凝土浇筑前,清理模板内的杂物,保持模内清洁、无积水。

5) 混凝土浇筑先在根部浇筑 30～50 mm 厚与混凝土同配比的水泥砂浆后,随铺砂浆随浇筑混凝土,砂浆投放点与混凝土浇筑点距离控制在 3 m 左右。

6) 二层及以上混凝土的浇筑采用混凝土输送泵进行浇筑,首层清水混凝土墙体由于在主体结构完成后再逆作施工,存在空间狭窄施工面不足的问题,因此浇筑施工时采用人工浇筑。

7) 首层混凝土浇筑工人在操作平台进行施工,操作平台考虑采用钢门架搭设,顶部安装钢管,满铺脚手板以便作业人员操作;操作平台上按规范要求设置好安全防护,确保工人施工安全,同时在施工现场应保证有足够的照明。

8) 混凝土浇筑采用标尺杆控制浇筑层厚度,每层控制在 400～500 mm。混凝土自由下料高度应控制在 2 m 以内,采用人工浇筑时应采用溜槽下料,采用泵机浇筑时应在布料管上接一个下料软管,控制下料高度不超过 2 m。

9) 混凝土浇筑时,应保证浇筑的连续性,尽量缩短浇筑时间间隔,避免分层面产生冷缝。

10) 门窗洞口应从两侧同时浇筑混凝土。分次浇筑混凝土时,后续混凝土浇筑前,应先剔除施工缝处松动石子或浮浆层,剔凿后应清理干净。

11) 由于墙身只有 200 mm 厚,考虑到保护层、钢筋等厚度,可供振动棒操作的空间不大,故在该工程使用直径 50 mm 的振动棒进行振捣。

12) 振捣混凝土时,要避免振动棒触动模板、钢筋、芯管及预埋件等,不得采用通过振动棒振动钢筋的方法来促使混凝土振实。严禁使用振动棒撬动钢筋和模板,或将振动棒当做锤使用。

13) 振动棒的插入深度应大于浇筑层厚度,插入下层混凝土中 50～100 mm,每一振动点的振动时间,应以混凝土表面不再下沉、无气泡溢出为止,一般振动 20～30 s,避免过振产生离析。

14) 振动棒采用"快插慢拔"、均匀的布点。并使振动棒在振捣过程中上下略有抽动,上下混凝土振动均匀。图 9-25 为振动棒振点及浇筑方向示意图。

15) 浇筑完成后 24～36 h 进行拆模,清水墙采用淋水养护,养护天数为 7 d。

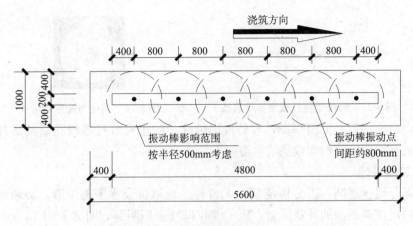

图 9-25　振动棒振点及浇筑方向示意图

9.2.10　饰面清水混凝土防漏浆控制措施

1. 模板拼缝处理

模板体系制作时尽量采用尺寸为 2 400 mm×1 200 mm 的整块模板，如因收口需要等特殊情况需对模板切割，其切面应保持顺直，且切割出来的模板尺寸不能有任何偏差，否则将导致因模板拼缝出现缝隙而导致漏浆的情况，施工时采用锯木机切割，锯木机经特殊改造，保证模板切割质量。

模板面板在对接时，为防止漏浆，在接缝处背面采用玻璃胶密封。模板面板的接缝与大模板的接缝必须与图纸要求的明缝蝉缝相吻合，严禁将模板接缝留在非建筑立面效果设计部位。

2. 对拉螺栓堵头防止漏浆处理

清水混凝土对拉螺栓采用图 9-26 的方法安装，对拉螺栓堵头防漏浆处理是施工中的重点与难点，其效果直接影响清水混凝土墙的整体观感。

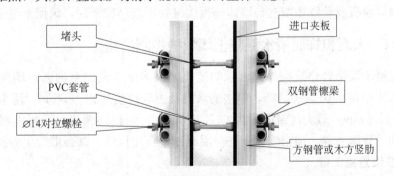

图 9-26　清水混凝土墙对拉螺栓安装示意图

采用特殊加工制作的堵头可避免对拉螺栓孔洞的漏浆，清水混凝土墙采用的堵头前半部分为软橡胶，软胶部分在对拉螺栓收紧后可与模板表面紧密结合从而不留缝隙，可有效防止漏浆，后半部分为硬胶，可与足够刚度的 PVC 管结合保证墙体厚度，见图9-27。

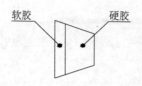

图 9-27　对拉螺栓孔眼堵头示意图　　　图 9-28　内径为梯形的堵头

堵头内径为梯形，见图 9-28，容易拔出拆除，防止对对拉螺栓孔眼的破坏，从而制作出具有自然质感的饰面效果清水混凝土。

3. 施工缝处理

由于部分墙体过高，需分段浇筑，无可避免地需留设水平施工缝，必须采取有效措施确保两次浇筑界面的外观质量，施工缝收口处采用明缝，明缝采用 15 mm 宽硬木线，用气钉固定。气钉固定后，必须先进行钉眼处理，然后在木线上涂刷清漆，保证水平施工缝成型质量。具体施工缝处理及效果见图 9-29 和图 9-30。

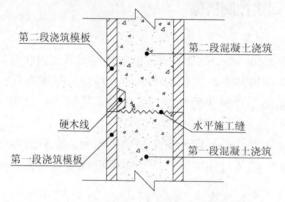

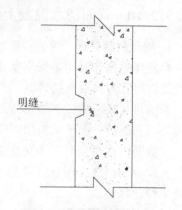

图 9-29　水平施工缝木板安装示意图　　　　图 9-30　施工缝完成效果图

4. 其他措施

门窗洞口模板及管线预留盒与墙体模板接缝处用玻璃胶密封，确保不漏浆。

9.2.11　大面积饰面清水混凝土墙裂缝控制措施

清水混凝土墙结合建筑物外围形状的变化，由多个不同曲率的弧形墙段与直墙段组成，平面曲率在 0.012～0.125，单幅清水混凝土墙长度达到 45.5 m，清水墙的高度为 12.94～15.52 m，最大浇筑面积为 647.47 m²。大面积饰面清水混凝土墙裂缝控制主要有合理设置施工缝、加密墙体钢筋、混凝土配合比设计、加强混凝土养护等措施。

1. 合理设置施工缝

合理设置施工缝是防止大面积饰面清水混凝土墙裂缝的关键措施，而该项目设计要求为饰面清水混凝土，而清水混凝土墙主要为蝉缝，每 3.6 m 高处设置一道水平明缝，为此，将施工缝设置在明缝处，不设置垂直缝，并且严把施工缝的质量。

2. 加密墙体钢筋

原设计清水混凝土墙的钢筋为 $\varnothing 10@200$，为防止大面积饰面清水混凝土墙裂缝，征得设计同意改为 $\varnothing 10@150$，这样可增强混凝土的抗裂性。

3. 混凝土配合比

在清水混凝土配合比设计时，要考虑水泥的掺量和水灰比的设置，且清水混凝土采用双掺技术，同时混凝土的等级设置在 C30，不要采用高等级混凝土，这样可减少混凝土裂缝的出现。

4. 加强混凝土养护

在清水混凝土墙浇筑后，待混凝土强度达到 1.2 MPa 后，及时拆除模板，这样可释放对拉螺栓的拉力。同时对混凝土进行养护，养护时间不少于 7 d。

9.2.12　实施效果

该项目针对变曲率大面积饰面清水混凝土墙的施工特点，从模板体系设计上有所突破，自行创新设计了一套有针对性的组合刚架弧形清水混凝土模板支撑体系（专利号 2010500942.3），制定有效的措施，解决了多变曲率大面积饰面清水混凝土墙垂直度及曲率的控制、钢筋保护层和墙体厚度的控制、饰面清水混凝土浇筑振捣及防漏浆、大面积饰面清水混凝土墙裂缝控制等技术难题。使现浇的多变曲率清水混凝土墙的拱面几何尺寸准确、圆滑及顺滑，达到饰面清水混凝土的质量验收标准，并形成了多变曲率大面积饰面清水混凝土墙施工关键技术和施工工法。

参考文献

［1］胡玉银．超高层建筑施工［M］．北京：中国建筑工业出版社，2011.

［2］叶浩文．广州国际金融中心施工［M］．北京：中国建筑工业出版社，2011.

［3］吴瑞卿．简述钢结构安装承重支撑胎架的设计［J］．广东土木与建筑，2010，2.

［4］黄亮忠．多支腿铸钢节点安装施工技术［J］．广东土木与建筑，2011，6.

［5］吴瑞卿．浅谈变曲率大面积清水混凝土墙模板体系的设计［J］．广东土木与建筑，2010，4.

［6］吴瑞卿．大面积饰面清水混凝土墙施工的关键技术［J］．广东土木与建筑，2010，6.

［7］吴瑞卿．广州亚运会亚运城综合体育馆施工新技术综述［J］．建筑技术，2010，11.

［8］林锦胜，等．广州新电视塔结构施工技术［J］．施工技术，2009，3.

［9］崔晓强，等．广州新电视塔结构施工控制技术［J］．施工技术，2009，4.

［10］李从昀．混凝土灌注桩水平承载性能研究［D］．北京：中国地质大学（北京），2008.

［11］罗书学．桩基概率极限状态法研究和工程应用［D］．成都：西南交通大学，2004.

［12］程晔．超长大直径钻孔灌注桩承载性能研究［D］．南京：东南大学，2007.

［13］齐克信．高层建筑施工实用技术数例［J］．陕西建筑，2009，5.

［14］钟文深，等．广州新电视塔挖孔桩岩层承压裂隙水处理［J］．施工技术，2009，3.

［15］张良，等．广州新电视塔扩底钻孔灌注桩施工技术［J］．施工技术，2009，7.

［16］谢建平．广州珠江河段深厚淤泥层堤岸结构的设计［J］．广东水利水电，2003，4.

［17］广州市城市规划勘察设计研究院．广州新电视塔工程地质勘察报告，2004.

［18］贺为民．深层搅拌桩复合地基及止水帷幕研究与应用［D］．北京：中国地质大学（北京），2008.

［19］佟明文．灌注桩施工质量控制与事故预防［D］．北京：中国地质大学（北京），2007.

［20］周利忠．关于灌注桩的水泥护壁堵漏工艺［J］．黑龙江科技信息，2004，9.

［21］陈迎明．提高水下混凝土灌注桩强度的试验研究与应用［D］．长沙：中南大学，2004.

［22］梁艺铭，等．广州新电视塔基础筏板混凝土无缝施工技术［J］．施工技术，2009，4.

［23］梁博顺．大体积混凝土筏板施工技术分析［J］．中华建设，2008，3.

［24］韩光远．泵送混凝土的理论和实践［J］．建筑技术，1983，5.

［25］李凤霞．筏板基础大体积混凝土施工技术［A］．第十届全国结构工程学术会议论文集第Ⅲ卷［C］，2001.

［26］简丽华，等．泵送混凝土早期裂缝分析［J］．四川建筑科学研究，2003，4.

［27］缪昇，等．大体积混凝土温度裂缝的稳定分析［A］．第十二届全国结构工程学术会议论文集第Ⅲ册［C］，2003.

［28］马俊华．大体积混凝土裂缝成因与预防［N］．建筑时报，2005.

［29］任鹏．筏板基础大体积混凝土施工［J］．科技论坛（下半月），2008，5.

［30］李跃．大体积混凝土的温控和防裂技术研究［D］．武汉：武汉理工大学，2004.

［31］E.M.戈斯乔克．大体积混凝土应力测量问题［J］．水电自动化与大坝监测，1981，1.

［32］吴庆．钢筋混凝土结构非荷载裂缝的分析与控制［D］．合肥：合肥工业大学，2003.

［33］宋锟．筏板基础大体积混凝土温度裂缝控制研究［D］．阜新：辽宁工程技术大学，2005.

［34］崔庆怡，等．高强粉煤灰大体积混凝土施工技术的探讨［J］．粉煤灰，2000，6.

［35］卢皓，等．筏板基础砼施工中温度控制技术应用［J］．洛阳大学学报，1999，4.

［36］罗伟健．大体积混凝土施工的技术分析和裂缝预防措施［J］．广东建材，2002，11.

［37］蔡润梁．大体积混凝土温度裂缝控制技术研究与实践［D］．武汉：武汉理工大学，2003.

［38］陈翌．地下室大体积混凝土施工防止产生温度裂缝的工程实例［A］．第十二届全国混凝土及预应力混凝土交流会论文集（第Ⅲ册）［C］．2004.

［39］季强．大体积混凝土温度场温度应力三维有限元分析［D］．南京：河海大学，2006.

［40］王斯磬，等．PDCA循环在广州新电视塔工程管理中的应用［J］．施工技术，2009，7.

［41］谢希凡．工程质量持续改进机会识别技术研究［D］．青岛：山东科技大学，2004.

［42］欧建超，等．广州新电视塔施工总承包质量管理［J］．施工技术，2009，6.

［43］陈杰．提高水泥混凝土钻孔灌注桩施工质量的基本控制措施［J］．北方交通，2007，7.

［44］褚树起．钢筋混凝土钻孔灌注桩的工程质量控制［D］．天津：河北工业大学，2003.

［45］陈迎明．提高水下混凝土灌注桩强度的试验研究于应用［D］．长沙：中南大学，2004.

［46］王英．混凝土灌注桩工程质量超声波检测理论、方法与应用［D］．青岛：山东科技大学，2005.

［47］周岳武．大直径桥桩完整性检测技术研究与应用［D］．武汉：华中科技大学，2008.

［48］王正君．超声法检测灌注桩混凝土强度的研究［D］．哈尔滨：东北林业大学，2005.